油品储运销过程 VOCs 污染控制

王燕军 尹 航 丁 焰 张鹤丰 等/著

U0251631

中国环境出版集团·北京

图书在版编目（CIP）数据

油品储运销过程 VOCs 污染控制/王燕军等著. —北京：中国环境出版集团，2023.12

ISBN 978-7-5111-5692-1

Ⅰ．①油… Ⅱ．①王… Ⅲ．①石油与天然气储运—挥发性有机物—污染防治 Ⅳ．①TE8②X513

中国国家版本馆 CIP 数据核字（2023）第 227995 号

出 版 人　武德凯
责任编辑　丁莞歆
封面设计　岳　帅

出版发行　中国环境出版集团
　　　　　（100062　北京市东城区广渠门内大街 16 号）
　　　　　网　　址：http://www.cesp.com.cn
　　　　　电子邮箱：bjgl@cesp.com.cn
　　　　　联系电话：010-67112765（编辑管理部）
　　　　　　　　　　010-67147349（第四分社）
　　　　　发行热线：010-67125803，010-67113405（传真）
印　　刷　北京建宏印刷有限公司
经　　销　各地新华书店
版　　次　2023 年 12 月第 1 版
印　　次　2023 年 12 月第 1 次印刷
开　　本　787×1092　1/16
印　　张　9.75
字　　数　180 千字
定　　价　59.00 元

前　言

近年来，我国臭氧（O_3）污染问题凸显，已经成为改善环境、提升空气质量的突出短板。根据生态环境部发布的《2022 中国生态环境状况公报》，2022 年全国 339 个地级以上城市臭氧浓度（8 h 平均，下同）比 2021 年上升 5.8%。京津冀及周边区域、长三角地区、汾渭平原臭氧浓度分别比 2021 年上升 4.7%、7.3% 和 1.2%。臭氧的氧化性极强，近地面的臭氧可能会被人体吸入，而高浓度的臭氧极易刺激和损害鼻黏膜及呼吸道，并损伤肺部的细支气管和肺泡。反复接触臭氧会引发胸闷咳嗽，严重的甚至会引发哮喘或呼吸道感染，造成肺部组织发炎。臭氧会破坏人体皮肤中的维生素 E，使人的皮肤起皱、出现黑斑，长时间暴露在臭氧下还可能导致癌症和其他永久性损伤。臭氧还会破坏人体免疫系统，诱发淋巴细胞染色体病变，加速机体衰老，导致胎儿畸形。除此之外，臭氧还能引起神经中毒，导致记忆力衰退。臭氧对生态系统中动物、植物的生长也有不利影响。控制近地面的臭氧污染是我国保护环境、提升空气质量的重要内容之一。

挥发性有机物（VOCs）是形成臭氧的重要前体物，VOCs 治理是推动臭氧和细颗粒物（$PM_{2.5}$）协同控制的重要手段。我国部分城市大气中臭氧污染的研究模拟表明，在城市区域范围内，VOCs 排放是臭氧污染的主控因素。VOCs 来源较为复杂，无组织排放源众多，远距离输送和区域污染是其显著特征。精准治污、科学治污、依法治污是指导我国 VOCs 污染治理的重要方式。油品储运销过程的 VOCs 排放是大气中 VOCs 的重要来源。源解析结果表明，油品储运销过程中油气挥发排放的 VOCs 可达到城市 VOCs 来源的 10%～20%。油品储运销过程排放的烯烃和芳香烃占比可达 35%～50%。VOCs 组分活性强，对臭氧生成贡献率高。因此，油品储运销过程的 VOCs 污染控制对减轻我国臭氧污染具有重要意义。

我国从 2000 年以后在细颗粒物、氮氧化物（NO_x）治理的基础上，逐步加强了对 VOCs

的污染控制。2007 年，在国家环境保护总局发布了《储油库大气污染物排放标准》(GB 20950—2007)、《汽油运输大气污染物排放标准》(GB 20951—2007)、《加油站大气污染物排放标准》(GB 20952—2007) 3 项油品储运销排放控制标准后，石化企业逐步开始由单一、点状的油品储运销过程中油气污染控制技术研究和试点转变为在政府主导下的系统污染治理，在储油库、油罐车和加油站建设油气污染治理工程并安装相关设备，我国油品储运销过程的油气污染控制逐步走向正轨。但笔者对相关研究工作和油气污染治理设施运行情况进行跟踪调研时发现，部分企业由于对标准要求和技术设备的了解不够透彻，部分加油站、储油库、油罐车运营单位在油气污染治理设施建设上存在设备不符合要求、运行不规范等问题，也缺少具有油气回收治理设施日常运行与维护保养知识和技能的专业人才，导致油气治理设施存在不正常运行的状况，影响了油气回收的效率，造成了社会治理资金的极大浪费。我国生态环境执法监管部门人员也缺乏相应的专业知识，不知道应该检查哪些点位及企业是否正确操作油气回收系统；监督检查缺少专业执法设备，无法判断油气污染治理设施是否正常运行；缺少有效的科技手段支撑，面对量大面广的污染源无法系统开展执法监管。

鉴于此，笔者结合平时的科研工作基础撰写了本书，对油品储运销过程 VOCs 污染控制的历程、技术、法律法规及油气污染治理设施日常维护和检查维修方面的知识进行了系统介绍，以期为相关企业和环保监管部门在油品储运销过程 VOCs 污染治理知识学习、治理设施运维和监管工作方面提供参考，为我国下一阶段的 VOCs 污染控制提供帮助。

全书由王燕军、尹航、丁焰和张鹤丰进行策划统稿和文字整理，第 1 章主要由王燕军、尹航撰写，第 2 章主要由杨新平、王燕军和丁焰撰写，第 3 章主要由蒋涵、王燕军和张鹤丰撰写，第 4 章主要由柯佳、王燕军和尹航撰写。本书在撰写过程中还得到了部门领导和单位同事的大力支持，中国环境出版集团的多位编辑也对本书的编辑加工和顺利出版付出了诸多努力，在此致以诚挚的感谢。由于笔者知识水平有限，书中难免有不足之处，请读者不吝赐教和批评指正。

王燕军

2023 年 9 月于北京

目　录

—————————————— 第 1 章 ——————————————

油气污染治理基本知识

近年来，随着人民生活水平的提高和机动车保有量的快速增长，我国各种成品油的消费量也持续升高。各种油品由于存在一定的蒸发性（尤其是汽油等蒸发性较强的产品），因此在炼制、储运、销售及应用过程中，不可避免地会有一部分较轻的液态组分汽化挥发。初步估算，若没有油气回收设施，我国油品储运销行业仅汽油在各个流转过程中的油气排放每年就可达百万吨，会造成巨大的资源浪费和环境污染。"十四五"期间，我国已将油品储运销过程的 VOCs 污染控制作为我国下一阶段环境空气污染治理的重点源项之一。了解油品储运销过程油气污染的危害、排放来源及我国相关法律法规和政策对油气污染控制的要求，有助于相关行业主管部门、生态环境执法监管人员和油品储运销行业从业人员掌握油气排放相关规律和控制技术，为深入认识我国相关环保管理政策打下基础。

1.1 油气污染的危害性

近年来，我国大气 O_3 污染问题日益严重。2022 年，全国 339 个地级以上城市以 O_3 为首要污染物的超标天数占总超标天数的 47.9%，京津冀及周边"2+26"城市和汾渭平原既是 $PM_{2.5}$ 污染较重的区域，也是 O_3 浓度较高的区域。部分时间段 O_3 已成为影响京津冀及周边"2+26"城市、汾渭平原、长三角、珠三角等地区空气质量的首要污染物。VOCs 作为 $PM_{2.5}$ 和 O_3 污染的重要前体物，O_3 生成潜势大，改善和控制 VOCs 污染状况对改善 O_3 污染现状、提高空气质量具有重要意义。各种化石燃料油品在储运销过程中挥发的油气是典型的 VOCs。汽油、柴油、航空煤油等从石油中提炼出的烃或烃衍生物的混合物是目前移动源所使用的主要化石燃料，根据其炼制工艺和蒸馏点的不同，可得到汽油、柴油、航空煤油等不同组分。不同燃料的差异性较大。以汽油为例，其雷氏蒸气压冬季可达 85 kPa，夏季也可达 65 kPa，蒸发性较强。汽油是石油蒸馏产生的多种分子量较轻的碳氢化合物的混合物，主要成分是 $C_4 \sim C_{12}$ 的烷烃，其中以 $C_5 \sim C_9$ 为主，还含有一定量的苯、甲苯、乙苯、二甲苯、苯乙烯等成分，其中的轻组分具有很强的挥发性。除汽油外，蒸发性较强的油品还有航空煤油、石脑油等。各类蒸气压较高的油品在炼制、储运、销售及应用过程中，不可避免地会有一部分较轻的液态组分汽化形成蒸气扩散至大气中，有时可用肉眼观察到汽油液面有一层蒸腾的雾气，称为油气。通常 1 L 汽油能挥发形成 100～400 L 油气，可扩散至很大的空间。油气蒸发有以下几个方面的危害性。

（1）危及各个石油储运环节的安全。由于轻质油品大部分属于挥发性易燃易爆物质，易聚积，与空气形成爆炸性混合物后聚积于洼地或管沟中，遇火极易发生爆炸或火灾事故，造成生命和财产的重大损失。如果烃体积分数在 1%～7%，则处于爆炸范围。对于这种危害，目前更多的是通过加强管理、增加安全设施投入来防止事故发生。但是油气爆炸极限范围宽、扩散范围广、安全生产影响因素多，由此引起的火灾爆炸事故仍时有发生。

（2）污染环境和危害人体健康。油气是典型的 VOCs，含有大量 BTEX（苯、甲苯、乙苯和二甲苯的合称）、甲基叔丁基醚、烯烃和芳烃等有毒有害物质，大部分成分具有较高的大气化学活性，不但容易与其他污染物形成固态、液态或二者并存的二次 $PM_{2.5}$，同时也是造成光化学污染的主要前体物之一，在光照作用下很容易与 NO_x 等作用形成 O_3，造成大气污染。O_3 有强烈的刺激性，可引起鼻腔、咽喉发炎和肺部感染，造成呼吸困难，若长期吸入地面 O_3，会永久性地损害肺部。人吸入不同浓度的油气，会引起慢性中毒或急性中毒，其呼吸系统、神经中枢系统也会受到较大损伤，若其中的芳香烃含量大还会影响造血系统。油气直接进入呼吸道会引发剧烈的呼吸道刺激症状，重患者可出现呼吸困难、寒战发热、支气管炎、肺炎甚至水肿、伴渗出性胸膜炎等。1982 年，医学界首次发表了苯与白血病有关的研究报告，世界卫生组织（WHO）下属的国际癌症研究机构（IARC）在 1993 年将苯的致癌性评级为一类人类致癌物。油气是生成 O_3 的主要前体物之一，是光化学烟雾的重要组成部分。

（3）浪费能源，造成严重的经济损失。20 世纪 70 年代以前，我国对油气损耗基本未采取控制手段，油气损耗占原油量的比例高达 0.6% 左右。但随着技术的不断进步，特别是浮顶罐的推广应用，油气损耗大幅降低。然而汽油等蒸气压较高的油品造成的油气蒸发损失占原油总量的比重仍然较大。我国南北温差较大，即使在相同操作条件下，汽油蒸发排放的差异也较大。依据 1990 年 3 月 1 日实施的《散装液态石油产品损耗》（GB 11085—1989），按照 B 类地区损耗率代表全国平均情况，汽油从炼油厂铁路罐车装车到加油站加油全过程的排放损耗之和为 0.9%（排放因子为每消耗 1 t 汽油排放 9 kg 油气）。根据我国汽油成品油消费量统计和上述标准推荐的油气排放因子，我国相应年度的汽油消费量、油气排放量和经济损失见表 1-1。由表 1-1 可知，我国每年的油气排放量很大且增长速度快，经济损失巨大而且浪费了宝贵的能源资源。

表 1-1　我国汽油消费量、油气排放量和经济损失

年份	2005	2010	2015	2020
汽油消费量/（万 t/a）	6 290	9 140	11 590	14 490
油气排放量/（万 t/a）[1]	56	82	104	130
经济损失/（亿元/a）[2]	33.6	49.2	62.4	78.0

注：①目前全国平均生产技术水平和治理技术水平情况下的油气排放量；
　　②汽油价格均按 2019 年批发价 6 000 元/t 计算，考虑到油价持续上涨的市场状况，实际经济损失可能会增大。

（4）降低油品质量，影响油品正常使用。由于油品蒸发损耗的主要是油品中较轻的组分，因此油品蒸发损耗不仅会造成燃料数量上的损失，还会降低油品质量。例如，随着轻馏分的蒸发损耗，汽油的初馏点和 10% 蒸馏点升高，汽化性能变坏，即汽油的启动性能变差。此外，蒸发损耗还将加速汽油氧化、增加胶质、降低辛烷值等，影响使用性能。

因此，"十三五"期间，我国已将 VOCs 污染控制作为环境空气污染治理的重点之一。油品储运销环节的 VOCs 排放作为其中的重要部分，摸底其排放底数、采用进一步的控制措施、出台管理制度等可为我国在"十四五"期间降低 O_3 污染、达成相关空气污染控制目标提供帮助。

1.2　油气排放来源和控制技术

油品储运销过程的油气排放来源包括 3 个方面：一是加油站，即油品的销售端；二是储油库，主要用于开展《国民经济行业分类》（GB/T 4754—2017）中 G5941 类的原油、

成品油仓储服务，由油品储罐组成并通过汽车罐车、铁路罐车、油船或管道等方式收发油品，其中生产企业内的罐区除外（生产企业内罐区的污染控制有专门的行业标准要求，不在本书的讨论范围内）；三是中间的运输环节，即油品运输所涉及的工具，如汽车罐车、铁路罐车、油船或管道等，如图 1-1 所示虚线框外的部分。

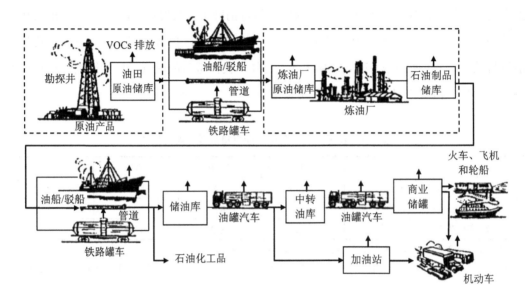

图 1-1　油品储运销过程

1.2.1　储油库

储油库的油气排放来源主要包括储罐区的存储损失和装发油区域的装卸损失。存储损失主要为油品储存使用的内浮顶罐、外浮顶罐、固定顶罐或压力罐的呼吸损失（蒸发）。

储油库的收油过程也会产生一定的油气，一方面来源于接口不密闭而导致的油气排放，另一方面是通过铁路罐车收油时从泵站扫仓罐中产生的油气。因此，在收油过程中要尽量采用密闭收油方式来减少油气排放，在通过铁路罐车收油扫舱过程中要尽量采用油气回收装置来收集油气，以减少直接排放至大气中的油气。

1.2.1.1　固定顶罐

固定顶罐可分为垂直固定顶罐和水平固定顶罐，如图 1-2 和图 1-3 所示（储罐结构示意图来自网络）。此类储罐由圆柱体外壳和固定顶组成，罐顶主要有锥形和拱形。在现有储罐设计类型中，垂直固定顶罐的建设费用最低，也是最常见的储罐类型之一，但其容易受温度、压力和液面高度等因素的变化影响而产生大量的 VOCs 排放。

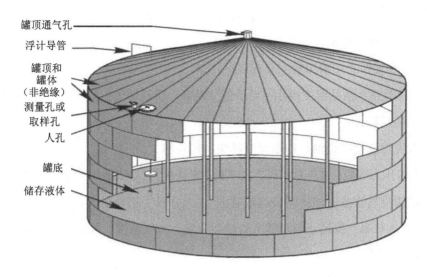

罐顶通气孔
浮计导管
罐顶和
罐体
（非绝缘）
测量孔或
取样孔
人孔
罐底
储存液体

图 1-2　垂直固定顶罐

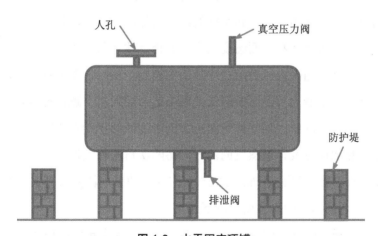

人孔
真空压力阀
防护堤
排泄阀

图 1-3　水平固定顶罐

水平固定顶罐又分为地上式和地埋式，通常容积较小，能够承受较高的正压和负压，安装、搬运和拆迁方便。其中地埋式主要应用于加油站。

固定顶罐的储存排放分为"小呼吸"（静置排放）和"大呼吸"（工作排放）。"大呼吸"损耗也称动态损耗，分为两部分：一部分是当油罐在收油时，油液位不断上升，罐内气体受到压缩而压力升高，使呼吸阀打开，混合气体随着液面的不断升高而排出罐外造成损耗；另一部分是当油罐在发油时，油液位不断下降，使气体空间的容积不断增大，压力减小，当压力下降到呼吸阀的控制值时，呼吸阀打开，油罐吸入空气，使气体空间的油品蒸气浓度下降，促使油面进一步蒸发，在结束发油后，罐内压力又逐渐上升，直至向罐外呼出气体造成损耗。

"大呼吸"损耗的影响因素主要有以下几点。

（1）油品性质：油品密度越小，轻质馏分越多，损耗越大；蒸气压越高，损耗越大；沸点越低，损耗越大。

（2）收发油速度：进油、出油速度越快，损耗越大。

（3）罐内压力等级：常压敞口罐"大呼吸"损耗最大。油罐耐压越高，呼吸损耗越小。

（4）油罐周转次数：油罐周转次数越多，"大呼吸"损耗越大。

此外，"大呼吸"损耗还与油罐所处地理位置、大气温度、风向、风力及油品管理水平等诸多因素有关。

"小呼吸"是指固定顶罐在无收发作业时，由于储存物料气相空间温度的昼夜变化而引起的 VOCs 蒸发排放。"小呼吸"损耗也称静态损耗。固定顶罐在没有收发作业、静态储油时，罐内气体空间充满了油气和空气的混合气体。日出后，随着大气温度上升和太阳辐射增强，罐内混合气体和油面温度上升，混合气体体积膨胀且油品蒸发加剧，从而使气体空间压力上升，当罐内压力超过呼吸阀的控制正压时，压力阀打开，油气混合气体呼出罐外。下午，随着大气温度的降低和太阳辐射的减弱，罐内温度也随之下降，混合气体体积收缩，压力降低，当气体空间压力低于呼吸阀控制负压时，真空阀开启，吸入空气，促使油品加速蒸发，新蒸发的油气又将随次日的呼气逸出罐外。这种油罐静态储油时，由于昼夜温度变化引起油罐呼吸气而造成的油品损耗称为"小呼吸"损耗。

"小呼吸"损耗的影响因素主要有以下几点。

（1）化学品性质：化学品密度越小，蒸气压越高，沸点越低，损耗越大。

（2）储罐所处地区气象条件：日照强度越大，温度越高，"小呼吸"损耗越大。我国北方地区的汽油"小呼吸"年损耗率低于南方地区。昼夜温差变化越大，"小呼吸"损耗越大。

（3）储罐尺寸：储罐越大，储液的蒸发面积越大，"小呼吸"损耗越大。

（4）大气压：大气压越高，"小呼吸"损耗越小；大气压越低，"小呼吸"损耗越大。

（5）储罐充装率：当储罐满装时，气体空间小，"小呼吸"损耗小。

（6）储罐颜色：储罐表面的涂料颜色对罐内液体温度影响很大，颜色越深，储罐吸热能力越强，"小呼吸"损耗越大。

此外，"小呼吸"损耗还与油品性质，如沸点、蒸气压、组分含量及油品管理水平等因素有关。

固定顶罐的 VOCs 排放控制可以通过在罐顶上方设置连通的管线，在后端增加油气回收处理装置，收集处理储罐上方的油气，处理技术可采用活性炭吸附法或吸收法、冷凝回收法等。

1.2.1.2　浮顶罐

浮顶罐可分为外浮顶罐和内浮顶罐。典型外浮顶罐由敞开式钢制圆柱体外壳和浮动在液体表面的浮顶组成，如图 1-4 和图 1-5 所示（图片来源于网络）。其中，浮顶由盖板、边缘密封系统和舱面附件组成，主要分为浮舱式和双盘式。目前，外浮顶罐常用的浮盘类型为浮舱式。内浮顶罐常用的浮盘为双盘式，双盘式又分为双层板式和浮筒式，双层板式浮盘油气空间最小。由于浮顶与液面间的气体空间很小，因此外浮顶罐可以有效减少蒸发损耗。但浮顶直接暴露于大气中，储存物容易被雨雪和灰尘沾污，故外浮顶罐多用于储存原油，较少用于储存成品油和化工原料。此类储罐的排放源包括浮顶与罐壁间的环形空间、浮顶上与大气相通的舱面附件、提取储存液体时黏附在罐壁上的液体蒸发产生的损耗等。

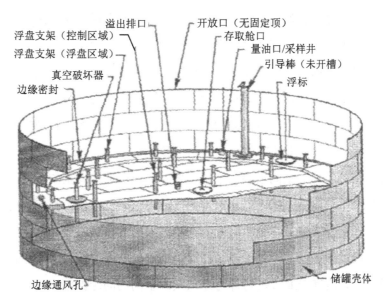

图 1-4　外浮顶罐结构（浮舱式）

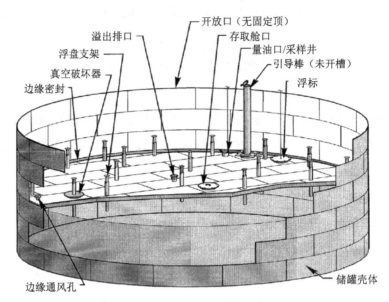

图 1-5 外浮顶罐结构（双盘式）

    内浮顶罐由固定顶罐加装内附顶构成，如图 1-6 所示（图片来源于网络），浮盘的结构和作用与外浮顶罐相同，但舱面属具数量少得多。此类储罐兼有固定顶罐和外浮顶罐的优点，既降低了蒸发损耗，又保证了储存液体不被沾污，因此被广泛用于储存汽油等成品油。此类储罐的排放源包括浮顶与储罐壁间的环形空间、浮顶上与大气相通的装置通道、提取储存液体时黏附在罐壁上的液体蒸发产生的损耗、浮顶接缝（如果未采用焊接封顶）等。为确保浮顶能够在储罐内上下浮动，浮顶与罐壁之间要预留足够的环形密封间隙，以确保储罐的密封性和浮顶的灵活性。密封装置可分为一次密封和二次密封，密封方式主要有浸液式密封和机械式靴形密封。浸液式密封又称液体镶嵌式密封，是指将浮顶的边缘密封浸入储存物料液面的密封形式；机械式靴形密封是指通过弹簧或配重杠杆使金属薄板垂直紧抵于储罐罐壁上的密封形式。

    浮顶罐油品上的油气空间很小，不存在像固定顶罐那样大量的"大呼吸"排放。浮顶罐的蒸发损耗主要包括：①浮顶与罐壁间的环形空间及浮顶上其他有可能与大气相通的蒸发空间。②由于罐中液体抽出时黏附在罐壁上的液体蒸发而产生损耗，当浮顶位于储罐底部时，损耗机理同固定顶罐浮顶与罐壁连接处的渗透损耗。③静止储存损耗：浮顶罐静止储存时，蒸气会通过密封件与浮顶及罐壁间的间隙泄漏出去，而环境风速会加剧这种损耗。当密封件与浮顶及罐壁之间的配合不良时，会导致更大的损耗。④作业

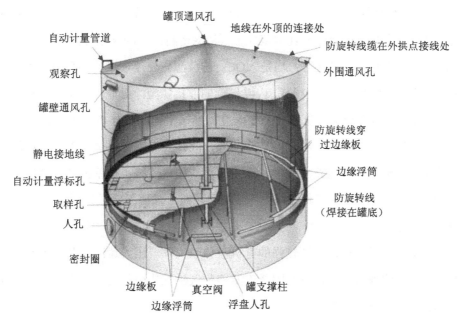

自动计量管道
观察孔
罐壁通风孔
静电接地线
自动计量浮标孔
取样孔
人孔
密封圈

罐顶通风孔
地线在外顶的连接处
防旋转线缆在外拱点接线处
外围通风孔

防旋转线穿过边缘板
边缘浮筒
防旋转线（焊接在罐底）

边缘板　真空阀　罐支撑柱
边缘浮筒　　浮盘人孔

图 1-6　内浮顶罐结构

损耗：储罐收料时，如果液面与浮顶之间有一定的空间，随着液面不断升高，浮顶以下的气体空间被压缩，储罐内部的蒸气就会通过各种通道正常地和不正常地迅速排出储罐；储罐发料进行到罐的底部使液面与浮顶之间存在较大空间时，由于在发料过程中蒸发落后于气体空间的膨胀，蒸气分压下降，一定量的空气就会通过各种渠道正常地和不正常地进入储罐，以维持总压力达到大气压力，此时储罐中气体空间的蒸气浓度将大大降低，这又会导致储液汽化量增加，使气体空间的蒸气浓度达到新的平衡。当储液体积超过气体空间的容量时，部分油气会排出罐外。对于需要支柱支撑外顶的内浮顶罐，还有一部分液体黏附在支柱的外表面而蒸发，这种蒸发损耗也称作业损耗。影响作业损耗的主要因素有储存液体的品质、罐壁的粗糙程度、储罐的结构尺寸、年周转量、周转次数、支柱个数等。外浮顶罐的边缘密封损耗是指有机蒸气通过密封部件与浮顶及罐壁之间的间隙排入大气而造成的损耗，风会加剧此类损耗。而内浮顶罐由于固定顶的存在，避免了这种损耗。浮盘附件装置主要包括存取口、支撑柱井、真空破坏器、边缘放空管和浮顶支腿等，均可能造成无组织排放。浮盘密封损耗是指通过浮盘表面接缝造成的损耗，若采用焊接式浮盘，则不会产生此类损耗。

　　综上所述，浮顶罐的 VOCs 排放主要包括边缘密封、浮盘附件、浮盘盘缝、挂壁损耗等方面。边缘密封位于浮盘与罐壁之间，可以防止浮盘与罐壁摩擦，同时减少 VOCs 泄漏排放。自然风力和有机液体的真实蒸气压对边缘密封的 VOCs 排放影响较大。浮盘的常见开口附件（人孔、计量井等）均是 VOCs 排放源。外浮顶罐的浮盘通常为浮舱式，大多是焊接成形，因此没有盘缝损耗。内浮顶罐的非接触型浮盘通常是螺栓连接或铆接，存在缝隙，在内浮顶盖板的下部存在一定高度的油气空间，部分 VOCs 会通过盘缝排放至浮盘上方的气相空间。随着浮盘的升降，部分液体会滞留在罐壁及浮盘支撑柱上，造成挂壁损耗，直至罐体再次充满液体，暴露面再次被覆盖时，挂壁损耗才会停止。在密封相同的情况下，与外浮顶罐相比，内浮顶罐可以进一步降低蒸发损耗。

1.2.1.3　压力罐

压力罐主要用于储存挥发性较强的有机液体或气体。压力罐通常装有安全阀，可以阻止因沸腾引起的外排损耗，以及因昼夜温差和气压变化引起的呼吸损耗。本书中暂未考虑压力罐的油气损耗问题。

1.2.1.4　装卸环节

当储油库的发油台给油罐车装油时，油罐车罐内空间的油气会被排入大气中。储油库给油罐车装油有 2 种方式，一种是顶部装油方式，即使用鹤管将油从油罐车罐体顶部装入，其中又分为泼洒式装油和浸没式装油 2 种。泼洒式装油是鹤管口在罐口直接将油泼入罐底，此方式会产生大量油气蒸发。浸没式装油是鹤管口距罐底很近的高度，大部分过程位于液面下装油，油气蒸发量会减少很多。另一种是底部装油方式，即将油从罐底装入油罐，该方式不仅能很好地进行密闭装油，减少油气排放，还有其他方面的益处，如底部装油比顶部装油更安全，因为操作人员是在地上操作而不是在高处平台，所以操作更方便、安全。而且底部装油扰动较少，不容易发生静电。顶部装油极易形成喷溅，埃索石油公司对油罐车静电事故的分析表明，59%的事故出现在喷溅装油，而由顶部装油引起的包括喷溅在内的静电事故占总静电事故的 82%。此外，底部装油较易改成大口径装油系统，对于多仓罐可以有 4～5 个接头同时装油，装油速度明显加快，而且消除了管内流速过快带来的危险。

近年来，我国生态环境部门、交通运输部门对港口码头原油、成品油收发也提出了油气污染控制要求，舟山港等也开始了油气回收系统的建设，港区油气回收系统主要由油气收集装置、船岸安全装置、油气输送装置、自动控制系统和油气处理装置等组成，以下对其进行简单介绍，其他具体内容可查阅相关标准和技术文献。

（1）油气收集装置：一般采用输气臂或软管，当油气收集装置管道公称直径为150 mm及以上时，宜采用输气臂，输气臂应与对应的输油臂的驱动模式和安全模式配置一致。输气臂或软管应采取绝缘措施。油气收集装置的进气端连接法兰应设置符合相关标准要求的销钉孔，收集油气的输气臂应满足设计船型、潮差、漂移范围等要求，油气收集装置对接船舶油气排口的进气端管道应按照规定标志涂色。

（2）船岸安全装置：应在进气端、出气端之间的管道上按照油气回收操作顺序要求安装压力变送器、氧含量分析仪、真空压力阀、紧急排放口、调节阀、紧急切断阀、气液分离器、温度变送器、防爆轰型阻火器等管件，以及惰性气体管道接入点。船岸安全装置的油气浓度、含氧量、压力、温度、流量等监测信号，以及紧急切断阀、压力/真空释放阀、气液分离器、防爆轰型阻火器和惰性气体管道等工作状态信号，应与油气回收总控系统通信和联锁，船岸安全装置可根据要求具有采集其他保障装置安全的信号功能。船岸安全装置应在进气端压力传感器与切断阀之间布置排气管，排气管顶端应设置压力/真空释放阀和电动卸载阀并符合相关标准规定。

原油成品油码头的油气回收安全性一直是相关行业和交通运输部门高度关注的问题。2017年8月2日，交通运输部发布了《码头油气回收设施建设技术规范》（试行）（JTS 196-12—2017），首次提出为保护液货船油气回收作业中油船和船上设备安全，以及保护岸上油气处理单元作业安全，需要在码头前沿设置码头油气回收船岸安全装置。2020年7月31日，交通运输部又发布了《码头油气回收船岸安全装置》（JT/T 1333—2020），并于2020年11月1日起实施。船岸安全装置的工艺流程如图1-7所示，其前端（进气端）连接输气臂或软管，末端（出气端）连接输气管网的安全装置，由截止阀、止回阀、压力传感

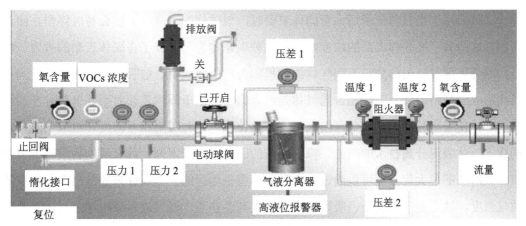

图1-7 船岸安全装置的工艺流程

器、电磁阀（辅助释放）气液分离器、含氧量传感器、VOCs 测定仪、温度传感器、防爆轰型阻火器、惰化系统等组成。

（3）油气输送装置：油气输送管路、法兰、附件和垫圈应与处理的油气介质性质、压力等相适应并采取防腐措施。码头平台区多个油气输送管道汇总时，应在汇总管道前端的每个输送管道加装止回阀和防爆轰型阻火器，根部应设置紧急切断阀。水平安装的油气输送管道应坡向油气回收装置。油气输送装置装设风机的抽气风量应不小于装船体积流量的 1.25 倍，气相空间压力应满足船舶安全和油气回收装置进口压力的要求，而且不应大于设定的真空释放阀的释放能力。风机的电机应采用与爆炸危险区域等级要求一致的整机防爆引风机。回收的油气应根据货物品种设置密闭储罐或其他容器，储罐或其他容器的容积不应小于一次装船作业的最大回收液体、气体产生量。

码头油气回收系统应设置集中自动控制系统，所属各装置应具有独立的自动控制功能和现场人工手动操作功能；船舱溢油信号应与码头装船控制系统联系，并通过装船控制系统与油气回收设施总控联系。

（4）油气处理装置：油气处理装置是用于处理所收集油气的设备设施。油气处理装置的工艺技术主要有吸附法、吸收法、冷凝法、膜分离法及其组合工艺等。目前，上述方法在炼油厂、储油库和加油站都得到了一定的应用，可以单独使用或组合使用的方式应用于储油库、码头的油气回收。其中，吸附法的应用较为广泛，技术也相对成熟；吸收法的能耗和吸收剂消耗量较大；冷凝法前期投资较大，设备能耗也较大；膜分离法效果较好，但对气体流量和压力的要求较高，能耗也较高。国外使用较多的是吸附法，国内使用较多的是吸附法和冷凝法，或"吸附+吸收""冷凝+吸附"等组合工艺。

①吸附法。当气体分子运动至固体表面时，气体中的一些分子便会暂时停留在固体表面，这些分子在固体表面的浓度增大，此种现象称为气体分子在固体表面的吸附。相反，固体表面被吸附的分子返回气体的过程称为解吸或脱附。被吸附的气体分子在固体表面形成的吸附层称为吸附相。当气体是混合物时，由于固体表面对不同气体分子的压力差异，使吸附相的组成与气相组成不同，这种气体相与吸附相在密度和组成上的差别构成了气体吸附分离技术的基础。吸附物质的固体称为吸附剂，被吸附的物质称为吸附质。吸附法的最大优点是可以通过改变吸附和再生运行的工作条件来控制出口气体中的油气浓度，缺点是工艺复杂、吸附床层易产生高温热点。油气进入吸附塔之后，烃组分被活性炭吸附的过程是一个物理放热过程。

②吸收法。吸收法的基本原理是通过混合气体与适当的液体接触，气体中的一个或几个组分溶解于液体内而形成溶液，不能溶解的组分则继续留在气相中，于是原混合气体的组分得以分离。吸收是根据混合气体各组分在同一液体溶剂中的物理溶解度或化学反应活性不同而将气体混合物分离的操作过程。吸收操作本质上是混合气体组分从气相到液相的相间传质过程，所用的液体溶剂称为吸收剂，混合气体中能显著溶于液体溶剂的组分称为溶质，几乎不溶解的组分称为惰性组分或惰气，吸收后得到的溶液称为吸收液，吸收后的余留气体称为吸收尾气或净化气。

吸收法回收油气有 2 类吸收剂，即油品吸收剂和专用吸收剂。常用的油品吸收剂包括有机溶剂、汽油、柴油、煤油及近似上述组成的油品；专用吸收剂是加入了某些添加剂组分的有机溶剂，如日本生产的有机溶剂 SOVUR 吸收液和国内开发的 AbSFOV-97 吸收剂。

③冷凝法。冷凝法回收处理油气是利用不同烃类物质在不同温度和压力下具有不同饱和蒸气压这一性质，采用降低系统温度或提高系统压力使烃类组分凝结并从中分离出来。一般根据温度的不同把人工制冷分为深度冷冻和普通冷冻 2 种。深度冷冻简称深冷，其冷冻温度范围在-120℃以下；普通冷冻简称浅冷，其冷冻范围在-120℃~5℃。由于制冷温度不同，所采用的设备也有较大的差别。通常意义上的冷凝法废气净化技术是指通过冷凝器中的冷凝剂（冷却剂）直接提取待净化气体中的热量，冷凝剂并不发生相变，基本方法有接触冷凝（直接冷却）和表面冷凝（间接冷却）2 种。对于有机气体的回收处理，若是冷凝至-25℃左右，一般冷凝剂应该都可以达到该温度而不存在泵送问题。但在特殊场合应用时，如汽油的油气回收等，通常都要冷至-65℃左右。此时无法以盐水来冷凝油气中的烃类组分，只能借助机械制冷。常见的机械制冷方法包括液体汽化制冷、气体膨胀式制冷、涡流管式制冷及热电制冷 4 种，其中后 3 种属于非液体气化制冷。

④膜分离法。气体膜渗透是指将膜与原料气接触，在膜两侧压力差的驱动下，气体分子透过膜的现象。膜法油气回收装置是采用膜分离法将收发油过程中产生的油气进行回收的一种设备，其原理基于膜对气体的渗透性，利用一定压力下混合气体中各组分在膜中具有不同的渗透速率而实现分离。与吸附法、吸收法、冷凝法回收油气相比，膜分离法是一种更简单有效的技术，尤其是随着许多性能优异的高分子膜和无机膜被不断开发成功，膜分离法已成为更有效、更经济的新型分离技术。

⑤组合工艺。如"吸附+吸收""冷凝+吸收"等,在某些特定场合,例如,无法持续提供吸收液或者希望回收的产品能够准确计量时,可采用"吸附+冷凝"组合工艺。该工艺与"吸附+吸收"组合工艺的主要不同在于使用直接接触冷凝器取代液体吸收塔作为高浓度油气回收设备。

1.2.2 加油站

加油站的油气排放来源主要是地下油罐和汽车油箱的"大呼吸"和"小呼吸"。地下油罐的"大呼吸"是指在加油站卸油过程中,随着液相的油进入地下油罐,油罐内液体体积增加将气相的油蒸气置换,并使油蒸气排入大气中。地下油罐的"小呼吸"是指因昼夜气温变化,地下油罐中的油品液体体积和油气气体体积随气温变化而热胀冷缩。当体积胀大时,油蒸气被排挤出油罐,对加油站 VOCs 排放影响较小。即使油罐发完油、油船仓和槽车罐卸完油、汽车油箱内的油被用完,容器内的油蒸气仍然存在。因为在油液减少、空气补进的过程中,油分子仍在继续蒸发且浓度逐渐饱和。在下一次进油时,空容器内的油蒸气还会因重复"呼出"而进入大气环境。汽车油箱的"大呼吸"是指在加油站加油时,随着液相的汽油进入油箱,油箱内液体体积增加将气相的油气置换排入大气中。汽车油箱的"小呼吸"是指在环境温度和大气压发生变化时,汽油油箱会产生一种"呼吸作用"。当环境温度升高或大气压下降时,汽油箱中的汽油蒸气通过通大气口排出汽油箱(如油箱盖上的通风口、化油器上的外平衡口);当环境温度下降或大气压升高或汽油被用完时,汽油箱中会形成真空,外界空气通过通大气口进入油箱,释放油箱中的真空。在这种"呼吸过程"中,碳氢化合物(HC)被排入空气,形成大气污染和能源浪费。一般来说,无论是地下油罐还是汽车油箱,"大呼吸"的排放量远超"小呼吸"的排放量。此外,加油站的油气 VOCs 排放来源还包括油枪滴油和胶管渗透等。

欧美等国家(地区)在加油站的汽油油气回收治理过程中,根据控制对象的不同,提出了加油站油气回收第一阶段("一次油气回收")和第二阶段("二次油气回收")的概念。《加油站大气污染物排放标准》(GB 20952—2020)中提到的卸油油气回收系统是指将油罐汽车卸汽油时产生的油气,通过密闭方式收集进入油罐汽车罐内的系统,即国外所指的第一阶段的油气排放控制要求;而加油油气回收系统是指将给汽车油箱加汽油时产生的油气,通过密闭方式收集进入埋地油罐的系统,即国外所指的第二阶段的油气排放控制要求。此外,《加油站大气污染物排放标准》(GB 20952—2020)要求的"油气处理装置"又被称为"三次油气回收系统"。

1.2.2.1　第一阶段油气回收

第一阶段油气回收系统是针对地下储油罐的收油阶段，也就是将油罐车与地下储油罐的输油管及油气回收管连接成密闭的回收系统，当油罐车卸油时，地下储油罐中同体积的油气就会被回收到油罐车中，油罐车再将回收的油气带回油库，如图 1-8 所示。在地下储油罐的排气管顶端一般安装有真空压力阀，真空压力阀在正常情况下是紧闭的，但当罐内平均压力超过 76.2 mm 水柱高时，真空压力阀会自动打开释放油气；当罐内产生一定的真空度时，真空压力阀也会自动打开，从大气中吸入空气以平衡罐内压力。由于油品输入加油站地下储油罐时会因液面震荡起伏而增加油气的挥发与溢散并产生大量静电，因此加油站建设规范要求输油管必须深入油面下方以减少液面扰动。如《汽车加油加气加氢站技术标准》（GB 50156—2021）中规定的输油管距罐底高度为 200 mm，必要时应采用密闭卸油口新工艺减少危险因素。油品自潜入液面下的输油管注入，产生的油气则由液面上的回收管收集至油罐车内。在输油管的连接处利用具有强力橡皮圈的连接帽与油罐车连接，以避免油品外泄。油气回收管的开口处装有具备特殊开启功能的设备，当油罐车上的油气回收管线正确连接到地下储油罐时，回收口会开放，地下储油罐的排气管会关闭，其中的油气能完全由回收口回到油罐车内。卸油完毕后，先卸开油罐车上的输油管，待残留的油料完全注入地下储油罐后，再以与卸油时相反的操作顺序拆除油气回收管。应尽可能使用电子液位仪测量，减少人工比对的次数，使油气尽可能密闭存储和回收。

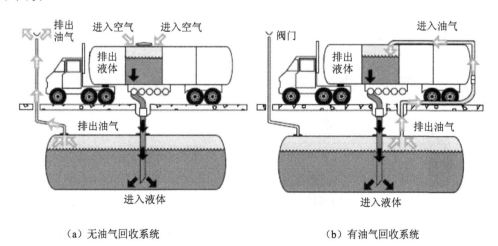

（a）无油气回收系统　　　　　　　（b）有油气回收系统

图 1-8　加油站第一阶段油气回收系统

对于真空压力阀,由于其工作环境差(灰尘沙土多)、开闭动作频繁(卸油时不关闭立管上的常开阀门),在微压状态下需要有一个良好的密封状态,必须对其弹簧和密封面进行经常性维护保养。为了维护保养方便,真空压力阀应该安装在便于接近的地方。如果受到使用条件限制需要设置在罩棚或站房上时,要有人工通道和检修平台。

1.2.2.2　第二阶段油气回收

第二阶段油气回收系统如图 1-9 所示。当车辆加油时,利用加油枪上的特殊装置(除输油通道外另有油气回收的通道)将原本由车辆油箱逸散于空气中的油气经加油枪、抽气泵进行回收,并将回收的油气储存在地下储油罐内保压,以确保油气不会排入周围大气中。另外,在地下储油罐排气口处设置真空压力阀,使储存于地下油罐中的油气在一定的压力范围内不会排入周围大气中,而是在卸油阶段统一回收到油罐车中。常见的第二阶段油气回收系统包括蒸气平衡式和真空辅助式,这两种方式都必须采用专用的油气回收型加油枪。蒸气平衡式油气回收系统利用加油枪抽气量(A)与加油量(L)的比值(air to liquid volume ratio,A/L)接近于 1∶1 的原理进行回收,即每加 1 L 油,地下储油罐液位就会下降并产生 1 L 空间,同时经由加油枪回收相当于 1 L 体积的油气,送回地下储油罐内填补液位下降空间而达到压力平衡。该油气回收系统主要依靠加油枪管口的集气罩与机动车油箱口之间的充分密封来实现油气回收,同时需要设置探入式导管,同轴软管形成的同轴反向环形密闭流道又可使发油和油气回收同步进行。

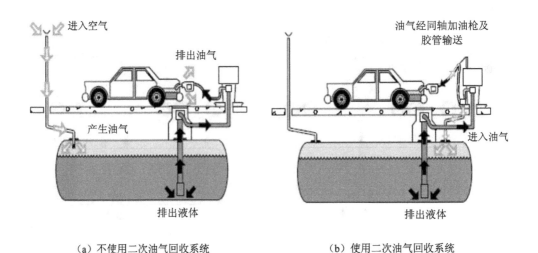

（a）不使用二次油气回收系统　　　　　　（b）使用二次油气回收系统

图 1-9　加油站第二阶段油气回收系统

为了能够对汽油油箱中的油气进行有效回收，我国目前普遍使用真空辅助式油气回收系统，其特点是在给车辆加油的同时利用真空泵产生的吸力进行油气回收，主要设备包括真空泵、油气分离接头、同轴短皮管、拉断阀、同轴软管和回收型加油枪等，回收的油气量与加油量相对比较大。加油时，油品从同轴软管的外层流出，通过回收型加油枪注入车辆油箱；产生的油气在真空泵作用下从回收型加油枪枪头四周的小孔进入油枪内部，经同轴软管的内层及分离器进入回收泵，然后流回地下储油罐。根据真空泵的型式，加油站第二阶段油气回收系统又可分为分散式油气回收系统和集中式油气回收系统，如图1-10所示。

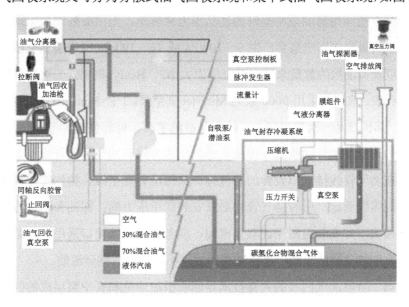

（a）分散式油气回收系统

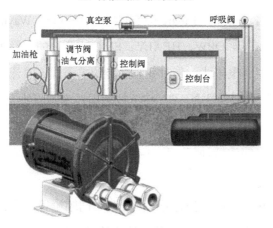

（b）集中式油气回收系统

图1-10 分散式油气回收系统和集中式油气回收系统

分散式油气回收系统的真空泵一般分别设置于各台加油机内，通常采用涡轮叶片式真空泵连接一条与输油管平行的油气回收管线后和地下储油罐连接。当油品输出时，电机带动涡轮叶片式真空泵产生真空，进而通过回收油枪达到回收车辆油箱内挥发油气的效果。其优点是可靠性高、长远看运行费用低，缺点是有时受加油机内空间的限制难以安装。

集中式油气回收系统的真空泵设置于油气回收管与地下储油罐连接处，一般每个地下储油罐设置 1 台中央吸取式真空泵，再通过加油机内部管线设计完成各自的油品油气回收。真空泵直接利用潜油泵所提升的油品压力来驱动，无须额外增加驱动动力。启动潜油泵时，中央吸取式真空泵会产生 9~10 kPa 或 16~19 kPa 的中央真空压力（视管线的大小、长度及加油枪的数量来决定真空压力大小）。Healy 集中式二次油气回收系统是其中的典型代表，该系统采用 9000 系列 Mini-jet 真空泵，1 台 Mini-jet 真空泵可同时处理 4 个加油点。其优点是一次性投资少，缺点是故障率高、可靠性差。

加油站卸油阶段油气回收的关键技术是真空压力阀和油气回收管线等连接设备。真空压力阀是在油气管线排放口设置的通气阀，又称压力真空阀，排气管数量根据满足呼吸及安装布局需要而定，所有排气管均必须安装真空压力阀；卸油和回气应采用阀门或自封式快速接头，并安装盖帽保证双重密闭，应考虑在油气接口采用自动截流阀。每个汽油储罐均要安装溢油截止阀，以保证在卸油时不发生串油甚至溢油。

加油站第二阶段油气回收的关键技术是回收型加油枪和真空泵组成的回收系统。国外有十几种型号的回收系统，其中美国产品居多，回收系统的产品型号包括 HEALY、Hasstech、Hirt、OPW、Franklin、Gilbarco、Tokheim、Catlow、Wayne、N.P 和 Elaflex 等。其中，回收型加油枪以美国 OPW、HEALY、EMCO 公司的产品为主，德国产品有 N.P 和 Elaflex。真空泵主要有电子式、带有变频功能的电子式、喷流式和涡流式。所有产品都经过了美国加州空气资源委员会（CARB）或德国技术监督协会（TUV）的认证，认证时间大多在 1984—1988 年，认证时可能需要在现场连续检测数月至一年，回收系统要保证能够有效回收 95% 的逸散油气。图 1-11 为某公司生产的一些加油站油气回收典型零部件。

回收型加油枪的不同之处在于采用了内外两个同轴枪管，内枪管负责加油，外枪管负责在加油的同时收集产生的油气。2 种加油枪的对比如图 1-12 所示。

（a）真空压力阀　　　　（b）集中式油气回收泵　　　　（c）加油反向同轴式胶管

图 1-11　加油站油气回收零部件

（a）普通型加油枪　　　　　　　　　（b）回收型加油枪

图 1-12　普通型加油枪和回收型加油枪

1.2.2.3　油气处理装置和在线监测系统

为了能够回收加油站地下油罐中的部分油气，有的加油站还建设了油气处理装置和油气回收在线监测系统。油气处理装置俗称"第三阶段油气回收系统"，其主要作用是处理地下油罐 VOCs 压力超过一定限值后多余的油气，提高加油站油气回收的效率，保护地下油罐的安全使用。

油气回收在线监测系统可以实时监测油气回收系统的运行状态，如监测油气回收系统的气液比、系统压力等；判断油气回收系统是否达标运行，当发现异常时可提醒操作人员采取相应的措施；记录、存储、处理和传输监控数据，促进加油站油气回收系统的稳定达标运行。

1.2.2.4 车载油气回收系统

即使汽车静止不动，油箱内外环境温度的变化也会导致汽油蒸发形成 VOCs 从油箱内排入大气。为了控制这部分油气，许多国家车辆排放控制标准中要求限制车辆的蒸发排放，主要是通过在油箱和进气管间采用碳罐吸附的方式控制这部分油气。当汽车启动时，发动机将碳罐内吸附的 VOCs 脱附出来，成为能源被使用。碳罐的容量及吸附、脱附设计对保证蒸发排放的效果非常关键。在北美以外的国家，由于法规限值较松，汽车厂商采用的碳罐容量偏小，碳罐的设计仅能够容纳 24 h 的 VOCs 吸附贮存。当碳罐吸附的 VOCs 达到饱和后，VOCs 便会被排放到大气中。为了严格控制汽车的蒸发排放和汽车加油时从加油口排放的油气，美国 Tier II 及以上排放标准和我国轻型车国六排放标准都加严了对蒸发排放的控制要求，从而使汽车制造商们需要采用车载油气回收系统（ORVR）来达到法规限值。

ORVR 技术的工作原理如图 1-13 所示。采用 ORVR 技术时，加油口的直径进一步减小并增加了一个阀门，通往碳罐的管道被替换成一个直径加大的管道，原本能够容纳 24 h VOCs 的基本型碳罐也被更换为一个大到足以吸取多日昼间和加油时 VOCs 排放的碳罐。安装 ORVR 系统后，汽油进到油箱时，油气 VOCs 无法通过加油口排放，而是通过较大的管道被吸入碳罐，发动机将在下一次启动时把碳罐吸附的 VOCs 作为能源供发动机使用。

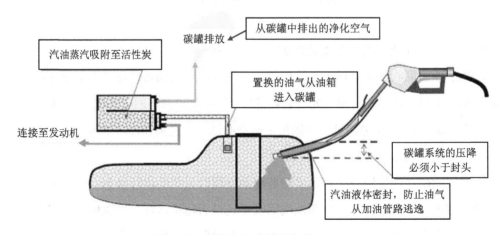

图 1-13 ORVR 技术的工作原理

一般来说，同时采用第二阶段油气排放控制技术与 ORVR 技术可以达到较好的汽油 VOCs 排放控制效果。但当采用 ORVR 技术后，汽车保有量的大量增加可能会与加油站第二阶段油气回收系统发生兼容性问题。当采用 ORVR 系统给汽车加油时，油箱里的油气会被车载活性碳罐收集，导致加油站的真空辅助式真空泵吸入过量空气并进入地下储油罐内引起汽油挥发加剧，气相空间压力上升。如油气回收系统密闭性不足或排放管真空压力阀关闭不严会产生过量污染排放，也有可能会在油箱内形成负压而导致加油枪"跳枪"。针对上述问题，可实现与 ORVR 兼容的真空辅助式油气回收系统大致可分为两类。

第一类，在加油枪上增加一个压力传感器，当加油过程中感知到车辆具有 ORVR 功能时，关闭加油枪从汽车油箱内回收油气的功能，改为从油箱外回收空气并控制回收空气的比例，实现地下储油罐压力的平衡；当加油车辆不具有 ORVR 装置时，保持原有功能。采用这种方式的加油枪比较典型的有美国 Healy(喜力)公司的 800 型 ORVR 加油枪，以及在其基础上研制的 900 型 EVR 加油枪。

第二类，对于在加油机上加装电子板和变速机的油气回收产品，由于无法简单地通过更换加油枪来解决上述问题，因此需要配套处理装置将回收到地下储油罐内的油气进行处理达标后排放，从而解决地下储油罐内因气相空间压力上升而带来的负面问题。

1.2.2.5 其他

加油枪滴油控制技术包括限制加油枪滴油数量、采用不滴油加油枪等。对加油胶管的渗透控制可以是采用低渗透胶管等。

1.2.3 运输过程

油气排放主要来自油品在运输工具中的呼吸损失和运输过程中的油气泄漏，储罐、油罐车罐（舱）和油船船舱的密闭性、泄压阀、油品温度、压力等都会对其产生影响，因此对油品在运输过程中的油气排放控制主要是要求密闭性。

1.2.3.1 油罐车油气收集系统

油罐车的油气排放主要来自油罐车的泄漏点，泄漏程度又随罐体的牢固性、减压阀安装、罐车启动时的罐内压力、汽油蒸气压、油气浓度而变化。油罐车的油气排放量并不与运输途中所用时间成正比。油罐车的罐体、阀门、快接头、连接部分、人孔、通气阀、管线等都有可能成为油气和汽油的泄漏点。油罐车直接与系统回收有关的技术主要有以下几个：①与加油站油气回收连接口匹配并能保证良好密闭的快接自封阀；②罐体在运送油气时应密闭并安装真空压力阀、溢流截止阀；③与储油库底部装车匹配且具有良好密闭性的汽油和油气快接自封阀。油罐车上的油气收集系统包括安装在罐体上的紧急切断阀、防溢流系统、卸油阀、油气回收组件、呼吸阀、人孔盖等。在国外，各类罐式车辆的使用非常普遍，使用率非常高，安全附件方面也有完善的标准法规指引，保证了产品的技术性能和质量。国内目前虽然也有相关标准，但均为推荐性标准，加上没有监管，很多企业并不执行，导致目前国内的安全附件使用率很低，产品质量也参差不齐，存在严重的安全隐患。典型的油罐车油气收集系统如图 1-14 所示。

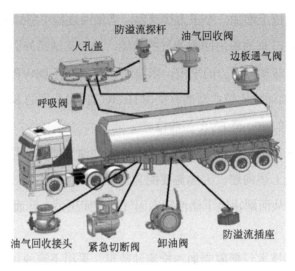

图 1-14 油罐车油气收集系统

（1）紧急切断阀。安装于罐车底部，阀瓣密封处于罐内，阀体上设有切断槽，在受到猛烈的外力作用时，阀体将沿着切断槽断开，在不影响罐体密封的情况下实现车底管路与罐体分离，从而有效防止罐内油料泄漏，保证运输安全。

（2）防溢流系统。防溢流系统专为底部充装设计，主要由防溢流探杆、防溢流插座等组成，能够有效防止液体溢出，同时保证静电接地安全，通过标准接线、插座和探杆实现油罐车与油库输油系统的对接，确保底部充装过程中的安全和环保。

（3）防溢流探杆。安装于人孔盖上，在装油时，当液位到达探测点将中断信号，加油平台的控制器将停止装油。

（4）防溢流插座。安装于卸油操作箱旁边，与输油系统的防溢流控制器对接，传输信号。

（5）卸油阀。安装于罐车侧边底部，采用快速连接结构，接口尺寸符合 API RP1004 标准要求，是底部装油系统的重要部件，可实现快速脱离无滴漏，使装卸油过程更加安全可靠。

（6）油气回收组件。主要由油气回收接头（油气回收耦合阀）、油气回收阀、边板通气阀（通气阀）等组成，主要功能为将装油时汽车油罐内排出的油气密闭输入储油库回收系统，在往返运输过程中保证汽油和油气不泄漏，卸油时又能够将产生的油气回收到汽车油罐内。任何情况下不应因操作、维修和管理等方面的原因发生汽油泄漏。

（7）油气回收接头（油气回收耦合阀）。安装于罐车侧下方接近卸油口处，采用快速连接结构，是罐车上控制油气输入或输出、实现油气回收的重要部件。阀体上安装有气动联锁阀，可通过与通气变径接头的对接来触动联锁阀，从而控制边板通气阀。

（8）油气回收阀。安装于人孔盖或者罐顶位置，出口端通过软管连接在油气回收管路上，在罐车进行装卸油时控制气体从罐内输出或输入罐内，是实现油气回收的一个关键部件。

（9）边板通气阀（通气阀）。安装于罐车顶部后端的油气回收管路上，出口朝下与水平方向成 45°，可有效防止灰尘和杂物堆积或进入阀内，处于常开状态，用于控制气体输入或输出油气回收管路。

（10）呼吸阀。安装于罐车人孔盖上，或在罐车顶部独立安装；当油罐内外出现小幅度的压力差时可直接通过呼吸阀的呼吸功能来调节内外压差，使其达到平衡。

（11）人孔盖。安装于油罐车的顶部，当罐内压力急剧增大时可通过开启紧急泄放装置进行紧急排气，盖上本身又安装有内置呼吸阀。人孔盖上设有预备孔，可以分别安装防溢流探杆、油气回收阀、量油孔等配件。

1.2.3.2　油船油气收集系统

油船油气收集系统（Vapor Collection System，VCS）由惰性气体系统、透气系统、高速透气阀、封闭式液货监测系统、船岸通信系统、报警系统和船岸标准接口等部分组成。根据我国油船建造规范，30 万 t 级及以上油船在设计和建造时应具备 VCS，可以支持码头油气回收；2 万 t 级以上油船在设计和建造时应具备油船惰性气体系统（Inert Gas Systems，IGS），该系统经过简单改装即可满足码头油气回收的要求；2 万 t 级以下的国内油船可以自愿选择是否配备 VCS 或 IGS，在实际情况中，大部分油船选择不配备上述系统，因此大量油船的货舱透气系统没有形成封闭管路，也未设置气体回收接岸管道，必须进行较大规模的改造才能进行码头油气回收，包括油舱密闭性改造、管网式透气系统改造、船岸标准接口安装、监测和报警系统安装等。

油船油气回收改造需在油船的货油舱加装油气回收管道及阀门。油气回收管道可以设计成独立的油气回收汇总管道或与多起总管兼用的油气回收管道。

每个货油舱均应设置透气装置，以限制舱内的压力和真空度。在货油舱装卸和驱除油气的过程中，会有大量的气体通过透气装置进出货油舱；在正常航行中，由于温度变化，会有少量的油气排出货油舱或少量的空气进入货油舱；应在货油舱终端安装高速透气阀，当舱内压力过高时能释放舱内气体，当舱内压力下降时能吸入大气，以防止油舱受损，使舱内压力处于正压，抑制油品可挥发成分的气化。

惰性气体系统将惰性气体冷却、除尘、除硫后经风机加压输送到油舱内使其充满舱顶空间，防止油气与空气混合形成可燃气体，保证装卸油作业、洗舱作业的安全。安装惰性气体系统可以保证油船货舱内部的含氧量始终低于 8%，从而保证油气回收过程中油船及码头设备的安全。惰性气体系统可包含以下形式：变压吸附式制氮系统（PSA）、膜制氮系统（MSA）、锅炉烟气惰性气体系统（IGS）和燃气式惰性气体发生器（IGG）等。

1.3 我国油气污染治理基本要求

1.3.1 法律依据

我国油品储运销过程油气污染治理的基本依据是《中华人民共和国大气污染防治法》。其中，第四十五条规定如下：

产生含挥发性有机物废气的生产和服务活动，应当在密闭空间或者设备中进行，并按照规定安装、使用污染防治设施；无法密闭的，应当采取措施减少废气排放。

第四十七条第二款规定如下：

储油储气库、加油加气站、原油成品油码头、原油成品油运输船舶和油罐车、气罐车等，应当按照国家有关规定安装油气回收装置并保持正常使用。

第一百零八条规定如下：

违反本法规定，有下列行为之一的，由县级以上人民政府生态环境主管部门责令改正，处二万元以上二十万元以下的罚款；拒不改正的，责令停产整治：

（一）产生含挥发性有机物废气的生产和服务活动，未在密闭空间或者设备中进行，未按照规定安装、使用污染防治设施，或者未采取减少废气排放措施的；

（二）工业涂装企业未使用低挥发性有机物含量涂料或者未建立、保存台账的；

（三）石油、化工以及其他生产和使用有机溶剂的企业，未采取措施对管道、设备进行日常维护、维修，减少物料泄漏或者对泄漏的物料未及时收集处理的；

（四）储油储气库、加油加气站和油罐车、气罐车等，未按照国家有关规定安装并正常使用油气回收装置的；

（五）钢铁、建材、有色金属、石油、化工、制药、矿产开采等企业，未采取集中收集处理、密闭、围挡、遮盖、清扫、洒水等措施，控制、减少粉尘和气态污染物排放的；

（六）工业生产、垃圾填埋或者其他活动中产生的可燃性气体未回收利用，不具备回收利用条件未进行防治污染处理，或者可燃性气体回收利用装置不能正常作业，未及时修复或者更新的。

1.3.2　相关技术标准

我国油品储运销过程油气排放控制和限制的主要技术标准为国家环保总局于 2007 年发布的《储油库大气污染物排放标准》（GB 20950—2007）、《汽油运输大气污染物排放标准》（GB 20951—2007）、《加油站大气污染物排放标准》（GB 20952—2007）。2020 年，在总结我国油品储运销行业油气污染治理经验教训的基础上，生态环境部又发布了这 3 项标准的制修订版本，分别为《储油库大气污染物排放标准》（GB 20950—2020）、《油品运输大气污染物排放标准》（GB 20951—2020）、《加油站大气污染物排放标准》（GB 20952—2020），对其适用范围、技术要求、排放控制限值、监督和管理等重新进行了明确（在本书第 3 章将进行详细介绍）。

此外，石油炼制企业内的储油罐执行《石油炼制工业污染物排放标准》（GB 31570—2015），石油化工企业内的储油罐执行《石油化学工业污染物排放标准》（GB 31571—2015），石油开采企业内的储油罐执行《陆上石油天然气开采工业大气污染物排放标准》（GB 39728—2020），其他企业内的储油罐执行《挥发性有机物无组织排放控制标准》（GB 37822—2019）等。上述标准的控制思路和技术要求基本相当，主要针对油品储存和发油过程提出排放控制要求，储存环节提出浮顶罐密封方式、泄漏控制、运行与维护要求，发油环节提出油气处理效率控制要求。

我国汽车运输的标准体系主要参照欧洲标准体系，其中关于危险货物罐式运输车辆安全附件的标准主要见表 1-2。

表 1-2　危险货物罐式运输车辆安全附件标准

标准号	标准名称	要求
QC/T 932—2018	《道路运输液体危险货物罐式车辆　紧急切断阀》	强度、密闭性、操作性、使用寿命、破裂安全性
QC/T 1061—2017	《道路运输轻质燃油罐式车辆　防溢流系统》	传感器防爆性、外壳防护性、液位感应、密封性、使用寿命、导静电性
QC/T 1062—2017	《道路运输轻质燃油罐式车辆　卸油阀》	使用功能、导静电性、密封性、强度、操作性、使用寿命
QC/T 1063—2017	《道路运输轻质燃油罐式车辆　油气回收组件》	强度、操作性、密封性、可靠性、导静电性、使用寿命
QC/T 1064—2017	《道路运输易燃液体危险货物罐式车辆　呼吸阀》	功能性、密闭性、倾覆密闭性、坠落渗漏性、导静电性
QC/T 1065—2017	《道路运输易燃液体危险货物罐式车辆　人孔盖》	功能性、密闭性、坠落密闭性、强度、导静电性

我国加油站行业标准有《汽车加油加气加氢站技术标准》（GB 50156—2021），该标准规定了加油站在设计和建筑施工时应采取的工艺措施，其中的油气回收控制措施内容与 GB 20952—2020 基本一致，如该标准规定，汽油罐车卸油宜采用卸油油气回收系统，并符合以下规定：①油罐车上的油气回收管道接口应装设手动阀门；②密闭卸油管道的各操作接口处应设快速接头及闷盖，宜在站内油气回收管道接口前设手动阀门；③加油站内的卸油管道接口、油气回收管道接口宜设在地面以上等。当采用卸油油气回收系统和加油油罐回收系统时，汽油通气管管口应安装机械呼吸阀，其工作压力宜满足表 1-3 中的要求。

表 1-3　机械呼吸阀的工作压力　　　　　　　　　单位：Pa

使用状态	正压	负压
仅卸油采用密闭油气回收系统	2 000～3 000	200～500
卸油和加油均采用密闭油气回收系统		1 500～2 000

此外，还有交通运输部 2017 年 8 月 2 日发布的《码头油气回收设施建设技术规范》（JTS-196-12—2017），住房和城乡建设部 2022 年 12 月 1 日发布的《油气回收处理设施技术标准》（GB/T 50759—2022），北京市、四川省等制定的地方标准等。

1.3.3　环保管控要求

近年来，生态环境部针对油品储运销过程的油气污染管控出台了系列要求，如 2018 年出台了《柴油货车污染治理攻坚战行动计划》（环大气〔2018〕179 号），提出要推进油气回收治理，要求到 2019 年，重点区域的加油站、储油库、油罐车基本完成油气回收治理工作，其他区域城市建成区要在 2020 年前基本完成。重点区域年销售汽油量大于 5 000 t 的加油站，要加快推进安装油气回收自动监控设备并与生态环境部门联网。重点区域要开展储油库油气回收自动监控试点。开展原油和成品油码头、船舶的油气回收治理，新建的原油、汽油、石脑油等装船作业码头要全部安装油气回收设施。2020 年 1 月 1 日后建造的 150 总吨以上的国内航行油船应具备码头油气回收条件。

2019 年，生态环境部又发布了《关于印发〈重点行业挥发性有机物综合治理方法〉的通知》（环大气〔2019〕53 号），提出要进行油品储运销 VOCs 综合治理，要求加大汽油（含乙醇汽油）、石脑油、煤油（含航空煤油），以及原油等 VOCs 排放控制，重点推进加油站、油罐车、储油库的油气回收治理。重点区域还应推进油船油气回收治理工作。深化加油站油气回收工作。O_3 污染较重的地区，行政区域内要大力推进加油站储油、加油油气回收治理工作，重点区域要在 2019 年年底前基本完成。埋地油罐全面采用电子液位仪进行汽油密闭测量。规范油气回收设施运行，自行或聘请第三方加强对加油枪气液比、系统密闭性，以及管线液阻等的检查，提高检测频次，重点区域原则上每半年要开展一次检测，以确保油气回收系统正常运行。重点区域加快推进年销售汽油量大于 5 000 t 的加油站安装油气回收自动监控设备，并与生态环境部门联网，要在 2020 年年底前基本完成。推进储油库油气回收治理。汽油、航空煤油、原油，以及真实蒸气压小于 76.6 kPa 的石脑油应采用浮顶罐储存，其中，油品容积小于等于 100 m^3 的可采用卧式储罐。真实蒸气压大于等于 76.6 kPa 的石脑油应采用低压罐、压力罐或其他等效措施储存。加快推进油品收发过程排放的油气的收集处理。加强储油库发油油气回收系统接口泄漏检测，提高检测频次，减少油气泄漏，确保油品装卸过程油气回收处理装置正常运行。加强油罐车油气回收系统和油气回收气动阀门的密闭性检测，每年至少开展一次。推动储油库安装油气回收自动监控设备。

2020 年，生态环境部又发布了《关于印发〈2020 年挥发性有机物治理攻坚方案〉的通知》（环大气〔2020〕33 号），要求强化油品储运销监管，实现减污降耗增效；提出要加大汽油、石脑油、煤油，以及原油等油品储运销全过程 VOCs 排放控制，在保障安全的前提下，重点推进储油库、油罐车、加油站的油气回收治理，加大油气排放监管力度，并要求企业建立日查、自检、年检和维保制度。储油库应采用底部装油方式，装油时产生的油气应进行密闭收集和回收处理，处理装置出入口应安装气体流量传感器。2020 年 7 月 15 日前，对储油库油气密闭收集系统进行一次检测，要求任何泄漏点排放的油气体积分数均不超过 0.05%。运输汽油的油罐汽车应具备底部装卸油系统和油气回收系统，装油时能够将汽车油罐内排出的油气密闭输入储油库回收系统，往返运输过程中能够保证汽油和油气不泄漏，卸油时能够将产生的油气回收到汽车的油罐内，除必要应急维修外，不应因操作、维修和管理等方面的原因发生油气泄漏。运输汽油的铁路罐车要采取相应措施减少装油、卸油和运输过程的油气排放。加油站卸油、储油和加油时排放的油气，应采用以密闭收集为基础的油气回收方法进行控制，卸油应采用浸没式，埋地油罐应采用电子式液位计进行液位测量，除必要的维修外，不得进行人工量油，加油产生的油气应采用真空辅助方式密闭收集。加油站正常运行时，地下油罐应急排空管的手动阀门在非必要时应关闭并铅封，应急开启后应及时报告当地生态环境部门并做好台账记录。2020 年 6—9 月，各地应组织开展一轮储油库、汽油油罐车、加油站油气回收专项检查和整改工作。鼓励重点区域、苏皖鲁豫交界地区及其他 O$_3$ 污染防治任务重的地区和城市采用更严格的汽油蒸气压控制要求，6—9 月对车用汽油实施 42～62 kPa 的夏季蒸气压要求，全面降低汽油蒸发排放；鼓励采取措施引导车主避开中午高温时段加油，引导油库和加油站夜间装油、卸油。

2021 年 11 月，中共中央、国务院发布《关于深入打好污染防治攻坚战的意见》，要求着力打好 O$_3$ 污染防治攻坚战，聚焦夏秋季 O$_3$ 污染，大力推进 VOCs 和 NO$_x$ 协同减排，以石化、化工、涂装、医药、包装印刷、油品储运销等行业领域为重点，安全高效推进 VOCs 综合治理，实施原辅材料和产品源头替代工程。2022 年，生态环境部联合其他 14 个部（委、局）发布了《关于印发〈深入打好重污染天气消除、臭氧污染防治和柴油货车污染治理攻坚战行动方案〉的通知》（环大气〔2022〕68 号），要求强化 VOCs、NO$_x$ 等多污染物协同减排，以石化、化工、涂装、制药、包装印刷和油品储运销等为重点，加强 VOCs 源头、过程、末端全流程治理。其中，"臭氧污染防治攻坚行动方案"关于推进油品 VOCs 综合管控中要求各地每年至少开展一次储运销环节油气回收系统专项检查工作，确保达标排放；定期检测汽车罐车的密封性能，严厉查处在卸油、发油、运输、停泊过程中破坏汽车罐车密闭性的行为，鼓励地方探索将汽车罐车密封性能年度检测纳入排放定期检验范围。探索实施分区域分时段精准调控汽油（含乙醇汽油）夏季蒸气压指标；在重点区域及珠三角地区，开展车辆燃油蒸发排放控制检测。2024 年 1 月 1 日起，具有万吨级以上油品泊位的码头、现有 8 000 总吨及以上的油船按照国家标准开展油气回收治理。

第 2 章

油品储运销过程 VOCs 排放量估算方法

    摸清油品在储运销过程中各个排放环节的 VOCs 排放测算方法，制定我国、区域油品储运销 VOCs 排放清单，掌握国家、区域、行业油品 VOCs 污染物排放情况，可为我国制定油品储运销环节 VOCs 排放污染控制规划提供有力支持，也对各地区生态环境主管部门制定针对性的、切实可行的环境管理政策，提升环境质量具有积极的意义。开发的行业排放清单也可为相关行业主管部门进一步加强各环节的污染控制、加强油气污染治理设备的监管、防控环境风险和制定环境经济综合决策提供基本依据。目前我国油品储运销行业 VOCs 排放状况的测算主要采用经验系数法或经验公式法，较少考虑地理条件、环境等的影响，容易在估算分省（区、市）、分区域 VOCs 排放状况时出现偏差。在充分考虑各地气象环境参数和油品物化参数等的基础上，对各地区储运销各环节的 VOCs 排放系数和排放状况开展定量精确研究，有助于为我国在"十四五"期间进行该领域 VOCs 精准管控提供数据支撑。

2.1　国内外测算方法简介

    自 20 世纪 40 年代起，苏联研究机构，美国石油公司和研究机构、环保部门等就已经开始研究具体的油品蒸发损耗问题了。美国石油协会（American Petroleum Institute，API）于 1953 年成立了蒸发损耗测定委员会，对蒸发损耗进行了集中研究，并将研究成果从 1957 年开始陆续向外通报（API Bulletin），如 API Bulletin 2512、API Bulletin 2513、API Bulletin 2514、API Bulletin 2514（A）、API Bulletin 2516、API Bulletin 2517、API Bulletin 2518、API Bulletin 2521 等。日本化学会（The Chemical Society of Japan，CSJ）

于 1971 年在其环境专门委员会内成立了碳氢化合物小委员会，集中对油品蒸发损耗和大气污染等相关方面进行研究。石油公司欧洲环境健康安全组织（CONCAWE）也进行了大量的蒸发试验研究，给出了欧洲地区加油站卸油、储存到给汽车油箱加油的排放系数。我国也较重视对油品蒸发损耗问题的研究。早在 20 世纪 60 年代初，就有高校对立式锥顶罐汽油蒸发损耗机制进行了分析研究，探讨了气体空间浓度分布规律。1965 年又在兰州等生产现场对地上立式锥顶汽油罐的蒸发损耗和铁路油罐车的装车损耗进行了试验研究。1980 年和 1985 年又相继对矿场原油蒸发损耗和商业油库汽油蒸发损耗进行了大范围的现场测试，厘清了在我国自然环境和现有技术水平条件下，油品储运过程中各个环节的蒸发损耗率，并以此为主要依据制定了《散装液态石油产品损耗》（GB/T 11085—1989）。

根据国内外众多专家学者，油品炼制、经营企业，主管部门多年的研究结果和经验总结，目前已开发了多种用于计算油品储运销环节 VOCs 排放系数的方法，有标准、清单指南推荐系数、国内外的各种经验公式和半经验公式等，如美国石油协会和西方国家石油协会的经验公式、日本资源能源厅方法、欧盟排放系数方法和中国的《散装液态石油产品损耗》（GB/T 11085—1989）估算方法等；美国国家环境保护局（USEPA）、我国中石化系统均编制了相应的半理论半经验计算公式等，现将各种方法简要介绍如下。

2.1.1　理论方法

油品蒸发量核算非常复杂，蒸发量与蒸发速率往往受多种内在和外在因素的影响，如油温变化、罐内蒸气压、油罐顶壁同液面间的体积大小、油罐罐顶泄漏情况，以及气象条件（如风速、风频、外界温度运输条件、静置时间）等。原理上，在气、液两相共存的储油容器中，要使气、液两相达到动态平衡，气相本身必须首先处于平衡状态，也就是说气体空间各部分的温度、压力及油气浓度必须均匀一致，只有这样气相中才不存在传质现象。现实生活中，由于油品在容器中静止储存的时间不够长，以及大气温度昼夜变化等，气体空间的温度分布和油气浓度分布很难达到均匀一致，因此始终存在油气的质量传递。根据造成油气迁移的驱动力不同，油气蒸发表现为分子扩散、热扩散和强迫对流等多种形式，任意一个可起主导作用的传质方式均将随着储存环境、作业条件等因素而变化。20 世纪 40 年代，以苏联瓦廖夫斯基、契尔尼金为代表，在理论分析的基础上建立了评价油品蒸发损耗量的数学模型——瓦廖夫斯基-契尔尼金方法，如式（2-1）所示。

$$\Delta M_y = \left[v_1(1-C_{y1})\frac{P_1}{T_1} - v_2(1-C_{y2})\frac{P_2}{T_2} \right]\frac{P_y}{1-\overline{C_y}} \cdot \frac{\mu_y}{R} \qquad (2\text{-}1)$$

式中：ΔM_y —— 油品蒸发量，g；

下标 1 —— 气体空间昼夜最低温度时的状态；

下标 2 —— 气体空间昼夜最高温度时的状态；

T_1、T_2 —— 气体空间的日最低和最高温度，K；

v —— 气体空间的体积，m^3；

P_y —— 油品的饱和蒸气压，Pa；

C_y —— 油品蒸气的饱和浓度，%；

μ_y —— 油气的摩尔质量，g/mol；

R —— 理想气体常数，J/（mol·K）；

P —— 气体空间绝对压力，Pa。

瓦廖夫斯基-契尔尼金方法［式（2-1）］适用于任何操作和设备条件下的固定顶罐的排放总量计算，但是计算参数受各种因素影响，其确定较为困难，需要采用近似值求解，在此方法的基础上，还需要掌握储罐类型、气象参数及物料性质等不同计算参数的特点，才可以推导出相应的定量方法。因此，在实际计算过程中，将影响油品蒸发的参数固化计算为驱动油品蒸发的油气排放因子，然后乘以周转量、周转次数等因素，求出油品蒸发量的近似解。

从储罐内的油品蒸发机制来看，影响储罐蒸发损耗的因素有液体的真实蒸气压、储罐内的温度变化、储罐的气体空间、储罐直径、储罐进出油料的次数、储罐状况和储罐类型等，其基本原理如下。

（1）液体的真实蒸气压：真实蒸气压影响损耗率是因为它是导致蒸发的基本动力。真实蒸气压影响固定顶罐呼吸损耗率的途径至少有 2 种——饱和浓度扩散和对流。

（2）储罐内的温度变化：大气和太阳照射的热量引起的储罐内部温度变化容易造成储罐气体空间的呼吸。白天，热流经罐顶和上层罐壁使体积膨胀。单纯的热效应在同一期间因罐内烃类物质的蒸发而加强。热量的输入也会使液面温度上升并加速蒸发。夜间，相反的过程使油气收缩并造成空气进罐。大气和太阳照射的热量也导致了储罐气体空间的强制对流，这种对流促进了液体表面的蒸发和烃蒸气的扩散。

（3）储罐的气体空间：气体空间的体积往往直接与油罐的留空高度成正比。对于固定顶罐来说，留空高度越大，体积就会越大，呼吸就会越多，损耗也就会越大。

（4）储罐直径：储罐直径会影响储罐的气体空间体积和液面条件，从而影响向储罐气体空间的传热量，如直径的增大会减少液面温度的上升，从而减少呼吸损耗。假设储罐高度不变，则总呼吸损耗率的增量小于与罐容（直径）成正比的数字。

（5）储罐进出油料的次数：减少储罐中油品的周转次数可减少油品的蒸发损耗。油品的周转导致"大呼吸"损耗；周转次数越多，呼吸的次数就越多，呼吸的总量也就越多。在条件允许时，应尽可能地减少油罐内油品的周转次数。

（6）储罐状况：储罐开口及附件不严密、罐壁有腐蚀、储罐涂色不符合要求均对油品的蒸发损耗有影响。如果储罐有多个开口，就会因风或热的作用形成压差，造成空气通过一些开口形成稳定流动，造成大量的油蒸气外逸。油罐的液面状况也严重影响着油品的蒸发损耗。如果液面相对平静，浓度梯度相对稳定，蒸发就不太剧烈；如果液面存在波动，或者界面上有扰动，使得界面附近的浓度层不断更新，蒸发就会变得剧烈。

（7）储罐类型：储罐类型是影响油品蒸发损耗的重要因素。储罐类型对蒸发损耗的影响主要在于储罐气体空间的大小和设备的耐压能力等。在设计和使用储罐中尽量减少油气空间能够有效减少蒸发损耗。如果设备的耐压能力较大，储罐通过呼吸阀进行的呼吸次数就会减少，呼吸损耗也会减少。国内外的试验和实测均证明，与拱顶油罐相比，采用内浮顶罐或外浮顶罐储存蒸气压较高的轻质油品，可以降低 85%～95%的损耗，这是由储罐的结构形式决定的。

2.1.2 经验方法

油品储运销环节 VOCs 排放核算可参考的方法之一是各国相关机构、公司等推荐的系数法，也被称为经验方法。该方法是以大量的实验数据为基础，通过统计分析，整理得到包含主要影响因子的系数、经验公式或图表，再乘以相关油品周转量进行测算。利用该方法制定的排放系数考虑的因素较少，如只给出了单位周转量的排放系数。该排放系数一般是由大型组织和机构根据自身掌握的大量实际数据总结得到的，其制定往往与当时的技术水平、储罐结构特点、油品性质等有密切的关系，且排放系数法除了包含储罐蒸发损耗的无组织排放，还包含了企业长期生产过程中其他部位的泄漏、损耗量。该方法忽略了气象条件和操作条件等的随机变化影响，一般用于较长时间范围的宏观排放量测算。测算时，如果周转量不发生变化，结果就不发生变化。当产品结构经过较大调整、工艺发生巨大变化、所处环境明显不同时，排放总量与经验值相比则存在较大的偏差。

（1）《散装液态石油产品损耗》（GB/T 11085—1989）制定的平均系数法

我国于 1989 年制定的《散装液态石油产品损耗》（GB/T 11085—1989）规定了散装液态石油产品装卸、储存、运输（含铁路、公路、水路运输）、零售的损耗，适用于车用汽油、灯用煤油、柴油和润滑油，但不包括航空汽油、喷气燃料、液化气和其他军用油料。该标准中制定的系数是经过大量统计数据得出的经验损耗率，综合了固定储罐和浮顶罐的各种排放来源，将 VOCs 排放系数按照储罐类型、地域、季节、油品类型进行了划分，制定了油品在储运销各个环节的排放系数（有的合并处理），具体结果见表 2-1～表 2-8。该方法的主要优点是计算快速、简便，主要缺点是划分比较粗、年代较早，随着技术的进步，其制定的排放系数也明显偏高。

表 2-1　储存损耗率　　　　　　　　　　　　　　　　　　单位：%

地区	立式金属罐			隐蔽罐、浮顶罐
	汽油		其他油	不分油品、季节
	春冬季	夏秋季	不分季节	
A 类	0.11	0.21	0.01	0.01
B 类	0.05	0.12		
C 类	0.03	0.09		

注：A 类地区包括江西省、福建省、广东省、海南省等省（区）；B 类地区包括河北省、山西省、北京市、天津市等省（区、市）；C 类地区包括辽宁省、吉林省、黑龙江省、青海省、内蒙古自治区、新疆维吾尔自治区和西藏自治区，表 2-3～表 2-5 中的 A、B、C 类地区同此处。卧式罐的贮存损耗率可以忽略不计。

表 2-2　海拔高度修正损耗率

海拔高度/m	增加损耗/%
1 001～2 000	21
2 001～3 000	37
3 001～4 000	55
4 001 以上	76

表 2-3　装车（船）损耗率　　　　　　　　　　　　　　　单位：%

地区	汽油			其他油
	铁路罐车	汽车、罐车	油轮、油驳	不分容器
A 类	0.17	0.10	0.07	0.01
B 类	0.13	0.08		
C 类	0.08	0.05		

表 2-4 卸车（船）损耗率 单位：%

地区	汽油		煤油、柴油	润滑油
	浮顶罐	其他罐	不分罐型	
A 类		0.23		
B 类	0.01	0.20	0.05	0.04
C 类		0.13		

表 2-5 输转损耗率 单位：%

地区	汽油				其他油
	春冬季		夏秋季		不分季节、罐型
	浮顶罐	其他罐	浮顶罐	其他罐	
A 类		0.15		0.22	
B 类	0.01	0.12	0.01	0.18	0.01
C 类		0.06		0.12	

表 2-6 灌桶损耗率 单位：%

油品	汽油	其他油
损耗率	0.18	0.01

表 2-7 零售损耗率 单位：%

零售方式	加油机付油			量提付油	称重付油
油品	汽油	煤油	柴油	煤油	润滑油
损耗率	0.29	0.12	0.08	0.16	0.47

表 2-8 运输损耗率 单位：%

类型	水运			铁路运输			公路运输	
	500 km 以下	501～ 1 500 km	1 501 km 以上	500 km 以下	501～ 1 500 km	1 501 km 以上	50 km 以下	50 km 以上
汽油	0.24	0.28	0.36	0.16	0.24	0.30	0.01	每增加 50 km 增加 0.01，不足 50 km 按 50 km 计算
其他油	0.15			0.12				

注：水运在途 9 d 以上，自超过日起，按同类油品立式金属的贮存损耗率和超过天数折算。

（2）《大气挥发性有机物源排放清单编制技术指南（试行）》推荐系数

2014 年，环境保护部发布了《大气挥发性有机物源排放清单编制技术指南（试行）》，用于指导城市、城市群及区域开展大气 VOCs 源排放清单编制工作。《大气挥发性有机物源排放清单编制技术指南（试行）》区分了 VOCs 的五大类排放源：生物质燃烧源、化石燃料燃烧源、工艺过程排放源、溶剂使用源、移动源。考虑到不同行业所用燃料或原料类型、工业过程、处理技术等不同，对每大类排放源进一步细化。其中油品储运销过程属于工艺过程源，具体分类和推荐系数见表 2-9 和表 2-10。

表 2-9　该技术指南石油化工业油品储运销过程分类

第一级	第二级	第三级	第四级
工业过程源	石油化工业	油品运输	原油、汽油
		油品储存	原油、汽油
		加油站	汽油、柴油

表 2-10　该技术指南油品储运销过程排放系数　　　　　单位：g/kg 油品

过程	油品	排放系数
油品储存	原油	0.123
	汽油	0.156
油品运输	原油	1.603 6
	汽油	1.603 6
加油站	汽油/柴油	3.243

该技术指南中的计算方法侧重于产品种类数量的排查。以不同产品产量为基数乘以经验排放系数得出 VOCs 排放量，优点在于针对不同产品都有单独的排放系数（目前系数表涵盖范围不足），并且统计简单，易于用一个经验系数核算排放量，适合大范围的环境普查；缺点在于忽略了工艺及原材料带来的区别，而且由于石化行业产品种类数量基数大、副产品较多，会导致经验系数的缺失，目前《大气挥发性有机物源排放清单编制技术指南（试行）》附件中的经验系数较少，亟须进一步补充。

（3）《城市大气污染物排放清单编制技术手册》推荐系数

2017 年 4 月，在环境保护部的支持下，清华大学组织相关科研单位开发了《城市大气污染物排放清单编制技术手册》，为地方相关部门开发本地的大气污染物排放清单提供了指导。该技术手册是对环境保护部已发布的《大气挥发性有机物源排放清单编制技术指南（试行）》的总结和提升，既规范了指南间交叉重叠的内容，又填补了缺失排放源和污染物的排放清单技术方法，从排放源分类分级与编码体系、城市排放清单表征技术、活动水平数据收集和排放系数获取、高时空分辨率清单技术等环节切入，构建了一个科学、规范、实用的城市排放清单编制技术体系。该技术手册将我国人为大气污染源分为化石燃料固定燃烧源、工艺工程源、移动源、溶剂使用源、农业源、扬尘源、生物质燃烧源、储存运输、废弃物处理源和其他排放源十大类，并针对污染物产生机制和排放特征的差异，按照部门/行业、燃料/产品、燃烧/工艺技术和末端控制技术将每类排放源分为四级，其中第三级排放源是重点识别排放量大、受燃烧/工艺技术影响显著的重点排放源，对于排放量受燃烧/工艺技术影响不大的燃料和产品，第三级层面不再细分，直接在第二级下建立第四级分类。油品储运销排放系数被分在了储存和运输一级分类下，第二级分类包括原油、汽油、柴油、天然气等油气产品的储存、运输以及加油站销售过程，第三级排放源不再细分，第四级分类包括加油站的一次、二次、三次油气回收和无油气回收的情况。该技术手册推荐的油品储运销排放系数见表 2-11。

表 2-11　技术手册推荐的油品储运销排放系数　　　　单位：g/kg 油品

油品储运销环节	排放系数	备注
天然气输送	2.60	部分技术
原油储存	0.12	部分技术
原油运输	1.60	部分技术
汽油储存	0.16	部分技术
汽油运输	1.60	部分技术
柴油储存	0.05	部分技术
柴油运输	0.05	部分技术
汽油加油站	3.24	部分技术
柴油加油站	0.08	部分技术

（4）API 计算公式

API 推荐的计算公式适用于计算固定顶罐和浮顶罐储存原油、汽油和其他挥发性有机溶剂的年"大呼吸"损耗和年"小呼吸"损耗，经验公式如下。

固定顶罐"大呼吸"损耗：

$$F = 5.8 \times 10^{-6} PVK_\text{T} \tag{2-2}$$

浮顶罐"大呼吸"损耗：

$$W = 1.37 \times 10^{-4} Q / D \tag{2-3}$$

固定顶罐"小呼吸"损耗：

$$L_y = 1.70 K \times 10^{-3} D^{1.73} H^{0.51} T^{0.5} F_\text{p} K_\text{e} \left[P / (760 - P) \right]^{0.68} \tag{2-4}$$

浮顶罐"小呼吸"损耗：

$$L_{yf} = 1.665 K_\text{f} D^{1.5} V_\text{w} K_\text{s} K_\text{c} F_\text{p} \left[P / (760 - P) \right]^{0.68} \tag{2-5}$$

式中：F——固定顶罐"大呼吸"油品损耗量，m^3/a；

$\quad\quad P$——大量物料状态的平均蒸气压，P_a；

$\quad\quad V$——泵送液体入罐体积，m^3；

$\quad\quad K_\text{T}$——周转系数；

$\quad\quad W$——浮顶罐"大呼吸"油品损耗量，m^3/a；

$\quad\quad Q$——泵送液体入罐量，m^3/a；

$\quad\quad D$——罐体直径，m；

$\quad\quad L_y$——固定顶罐"小呼吸"油品损耗量，m^3/a；

$\quad\quad K$——固定顶罐"小呼吸"损耗系数；

$\quad\quad H$——储罐内油品高度，m；

$\quad\quad T$——每日最高与最低温度变化的年平均值，℃；

$\quad\quad F_\text{p}$——涂料系数；

$\quad\quad K_\text{e}$——油品挥发校正系数；

$\quad\quad L_{yf}$——浮顶罐"小呼吸"油品损耗量，m^3/a；

$\quad\quad K_\text{f}$——储罐结构系数；

$\quad\quad V_\text{w}$——平均风速，m/s；

$\quad\quad K_\text{s}$——密封系数；

$\quad\quad K_\text{c}$——储存物料系数。

API 推荐的计算方法是通过对大量实验数据进行统计分析而得出的，且在此过程中均以美国自身情况为基础，其气候条件、地理环境、罐体特性、操作、管理水平、控制技术等均可能与我国有一定差异。从 API 推荐方法的计算过程能够看出，该方法在计算过程中考虑了诸如温度、压力、风速、储罐尺寸、密封参数、储罐配件装置、转运次数等诸多因素对呼吸损耗量的影响，但主要集中在储罐构造和环境方面，有关储存液体特性方面的系数却取值粗糙，例如，固定顶罐排放系数的取值和浮顶罐物料系数的取值仅分为原油和其他有机液体 2 种。此外，该公式是 1952 年美国各石油公司在实测数据的基础上建立的，无论是测试手段、气候条件还是油品特性都存在一定的局限性，因此在我国储罐呼吸排放估算时容易出现误差。相关文献研究也表明，尽管该公式适用于固定顶罐、浮顶罐及多种有机液体，估算过程中也考虑了诸多影响因素，计算过程中部分难以获得的数据也列出了相应的排放因子和系数，但是由于该方法现有数据库仅适合美国储罐及其常见化学品的特点，因此在其他国家和地区直接使用的计算结果精度较差，在我国的适用性差、局限性大。此类方法还包括北京、上海等地自行制定的石化行业 VOCs 排放量计算方法中推荐的经验公式等。

2.1.3　半经验半理论方法

计算油品储运销环节 VOCs 排放量的另一种可参考方法是半经验半理论方法，此类方法有 USEPA 在排放清单编制指南（AP-42）中推荐的方法、我国《石油库节能设计导则》（SH/T 3002—2000）中推荐的计算公式、中国石油化工（以下简称中石化）系统采用的计算公式等。此类方法是在理想气体状态方程的基础上，通过理论分析建立计算方程式，计算过程综合考虑了各种影响因素，其中部分参数需要借助实验数据或经验值来确定，其推导过程比较严谨，计算结果精度高，可用于单个储罐 VOCs 蒸发损耗的计算。

（1）中石化系统采用的计算公式

中石化系统采用的公式可用于固定顶罐、浮顶罐储存原油、汽油及挥发性有机溶剂时的"大呼吸"蒸发年排放量和"小呼吸"蒸发年排放量的估算。

"大呼吸"蒸发年排放量的计算公式如下。

1）固定顶罐：

$$L_{DW} = 4.35 \times 10^{-5} P V_L V K_T K_E \qquad (2\text{-}6)$$

式中：L_{DW} —— 固定顶罐"大呼吸"蒸发年排放量，kg；

　　　P —— 储罐内平均温度下液体的真实蒸气压，Pa；

　　　V_L —— 液体入罐量，m^3/a；

　　　V —— 储存油品的平均重量，t/m^3；

K_T —— 周转系数；

K_E —— 校正系数。

2）浮顶罐：

$$L_{FW} = \frac{4 \times Q \times C \times V}{D} \tag{2-7}$$

式中：L_{FW} —— 浮顶罐和内浮顶罐"大呼吸"蒸发年排放量，m^3；

Q —— 平均输油量，m^3；

C —— 管壁黏附系数；

V —— 储存油品的平均重量，t；

D —— 储罐直径，m。

"小呼吸"蒸发年排放量的计算公式如下。

1）固定顶罐：

$$L_{DS} = 12.751 \times 10^{-3} K_E \left(\frac{P}{760-P}\right)^{0.68} VD^{1.73}H^{0.51}T^{0.5}F_pC \tag{2-8}$$

式中：L_{DS} —— 固定顶罐"小呼吸"蒸发年排放量，m^3；

H —— 储罐平均留空高度，m；

T —— 日环境温度变化平均值，℃；

F_P —— 涂料系数；

C —— 小直径储罐的修正系数。

2）浮顶罐：

$$L_{FS} = Kv^n P_t DM_V K_s K_c E_F \tag{2-9}$$

式中：L_{FS} —— 浮顶罐"小呼吸"蒸发年排放量，m^3；

K —— 修正系数；

v —— 罐外平均风速，m/s；

n —— 与密封有关的风速指数；

P_t —— 蒸气压函数；

M_v —— 油气平均分子量，mol/m^3；

K_s —— 密封系数；

K_c —— 油品系数；

E_F——二次密封系数。

中石化系统采用的计算公式是基于我国石化企业生产运行的实际情况，通过严谨的理论计算与推导证明，并借鉴了国内外权威计算公式而形成的储罐 VOCs 排放核算方法，计算结果较为精确。然而，该方法计算过程较为复杂，部分参数取值较难，而且储罐的储存液体排放因子只包括了汽油和原油两类，缺少其他原油产品和有机物的相关系数。该公式还有待进一步完善，以提高其实用性。

（2）《石油库节能设计导则》（SH/T 3002—2000）中推荐的方法

《石油库节能设计导则》是由中国石油化工集团有限公司主编、原国家石油和化学工业局于 2000 年批准发布的行业标准，适用于新建和改扩建石油库有关节能的工程设计。其附录中所列的计算公式适用于固定顶罐、浮顶罐和内浮顶罐储存原油、汽油及其他轻质油品时的"大呼吸"年损耗及"小呼吸"年损耗的估算。其在计算油罐内油品蒸发损耗采用的计算公式如下。

1）固定顶罐"大呼吸"年损耗：

$$L_{DW} = K_T K_1 \frac{P_y}{(690 - 4\mu_y) K} V_1 \qquad (2\text{-}10)$$

式中：L_{DW}——固定顶罐"大呼吸"年损耗量，m^3；

K_T——周转次数；

K_1——油品系数；

P_y——油品平均温度下的蒸气压，kPa；

μ_y——油蒸气摩尔质量，kg/kmol；

K——单位换算常数，K=51.6；

V_1——泵送油品入罐量，m^3。

2）浮顶罐"大呼吸"年损耗：

$$L_W = \frac{4Q_1 C \rho_y}{D} \qquad (2\text{-}11)$$

式中：L_W——浮顶罐"大呼吸"年损耗量，kg；

Q_1——油罐年周转量，m^3；

C——油罐壁的黏附系数，m^3/m^2；

ρ_y——油品密度，kg/m^3；

D——罐体直径，m。

3）固定顶罐"小呼吸"年损耗：

$$L_{DS} = 0.024 K_2 K_3 \left(\frac{P}{P_a - P} \right)^{0.68} D^{1.73} H^{0.51} \Delta T^{0.5} F_P C_1 \qquad (2\text{-}12)$$

式中：L_{DS}——固定顶罐"小呼吸"年损耗量，m^3；

K_2——单位换算系数，$K_2 = 3.05$；

K_3——油品系数；

P——油罐内油品本体温度下的蒸气压，kPa；

P_a——当地大气压，kPa；

D——罐体直径，m；

H——罐体高度，m；

ΔT——大气温度的平均日温差，℃；

F_P——涂料系数；

C_1——小直径油罐修正系数。

4）浮顶罐"小呼吸"年损耗：

$$L_s = K_4 (K_5 F_T D + K_f) P^* M_v K_c \qquad (2\text{-}13)$$

式中：L_s——浮顶罐"小呼吸"年损耗量，kg/a；

K_4、K_5——单位换算系数；

F_T——密封损耗系数；

K_f——浮盘附件总损耗系数；

P^*——蒸气压函数；

M_v——油气摩尔质量，kg/kmol；

K_c——油品系数。

中石化系统采用的计算公式和《石油库节能设计导则》中推荐的方法均为中石化系统主编、推出的半经验半理论公式，均是基于中国自身情况，以理想气体状态方程为基础，通过理论分析而提出的经验计算公式。同时该计算公式也借鉴了 USEPA AP-42 中推荐的计算公式的思路，部分参数借助了实验数据或经验参数，推导过程严谨，可信度较高。其中《石油库节能设计导则》中推荐的方法对罐型分类更准确，计算精度更高，适用范围也更广，但计算中用到的油品、化学品的物性数据和储罐的设计数据也较多，因此当物性数据和储罐的设计数据不全时，会给估算工作带来较大的困难，而且其计算过程较复杂，缺乏相应的计算软件也限制了其应用。

（3）USEPA AP-42 中推荐的方法

USEPA AP-42 中的"成品油运输和销售"及"有机液体储罐"部分详细介绍了推荐的油品储运销过程 VOCs 排放系数的计算方法（将在本书的 2.2 节进行详细介绍）。该方法计算精度高，适用面广，适用于各类油品和化学品，考虑因素全面，包括储罐的地理位置、气象条件、罐体（类型、构造、边缘密封、夹层等）及存储化品的物理化学性质等，且参数选取附表、化学品的物性数据表都较为详尽，可用现有的排放因子、系数（默认值）代替无法获得的数据，在世界上更具有权威性。目前 USEPA 中推荐的方法得到了世界各国的普遍认可，其计算结果具有权威性。相关文献研究表明，该方法用于我国石化企业的油罐 VOCs 蒸发损耗估算时也有较好的有效性和可靠性。但此方法中用的全部是美国单位标准体系，不是我们常用的国标现有数据，不过这一问题容易克服。因此，在估算油品储运销过程的 VOCs 蒸发损耗时，越来越多的研究者采取了 USEPA AP-42 中推荐的方法进行我国油品储运销环节 VOCs 排放系数的计算，但其中的气象参数、地理信息及汽油等物料信息则需要通过建立我国的气象数据库和油料物性参数进行获取。

（4）《石化行业 VOCs 污染源排查工作指南》中推荐的方法

《石化行业 VOCs 污染源排查工作指南》是环境保护部 2015 年为贯彻落实《石化行业挥发性有机物综合整治方案》（环发〔2014〕177 号）相关要求，大力推进石化行业 VOCs 管理控制，开展 VOCs 污染源排查而颁布的工作指南。其中关于储罐 VOCs 蒸发损耗和装卸损耗的核算也借鉴了 USEPA AP-42 中推荐的方法，考虑了油气回收效率、处理效率等对 VOCs 排放的影响，在此不再赘述。

2.2 USEPA AP-42 推荐方法简介

2.2.1 储罐 VOCs 测算方法

（1）固定顶罐存储

根据 USEPA AP-42 中"有机液体储罐"部分的介绍，对于无强制密封措施的常压固定顶罐或柱形储罐，其储存过程中产生的油气排放 L_T 来源于静置损失 L_S 和工作损失 L_w

两部分，如下：

$$L_T = L_S + L_W \tag{2-14}$$

式中：L_T——总的油品损失，lb/a；

$\quad\quad L_S$——静置损失，lb/a；

$\quad\quad L_W$——工作损失，lb/a。

1）静置损失 L_S

静置损失 L_S 是指由于罐体气相空间呼吸导致的储存气相损耗。静置损失 L_S 采用下式计算：

$$L_S = 365 V_V \times W_V \times K_E \times K_S \tag{2-15}$$

式中：L_S——静置损失（地下卧式罐的 L_S 取 0），lb/a；

$\quad\quad V_V$——气相空间容积，ft^3；

$\quad\quad W_V$——储藏气相密度，lb/ft^3；

$\quad\quad K_E$——气相空间膨胀因子；

$\quad\quad K_S$——排放蒸气饱和因子。

立式罐气相空间容积 V_V 通过下式计算：

$$V_V = \frac{\pi}{4} D^2 H_{VO} \tag{2-16}$$

式中：V_V——气相空间容积，ft^3；

$\quad\quad D$——储罐直径，ft；

$\quad\quad H_{VO}$——气相空间高度，ft。

卧式罐气相空间容积 V_E 通过下式计算：

$$V_E = \frac{\pi}{4} D_E^2 H_{VO} \tag{2-17}$$

式中：V_E——卧式罐气相空间体积；

$\quad\quad D_E$——卧式罐有效直径，ft；

$\quad\quad H_{VO}$——气相空间高度（$H_{VO} = \pi D/8$），ft；

综合式（2-15）和式（2-16），静置损失的计算可转化为下式：

$$L_S = 365 K_E \left(\frac{\pi}{4} D^2 \right) H_{VO} K_S W_V \tag{2-18}$$

式中：L_S——静置损失，lb/a；

K_E——气相空间膨胀因子；

D——储罐直径，ft；

H_{VO}——气相空间高度，ft；

K_S——排放蒸气饱和因子；

W_V——储藏气相密度，lb/ft^3。

气相空间膨胀因子 K_E 的计算依赖罐中液体的特性和呼吸阀的设置。若已知储罐位置、罐体颜色和状况，K_E 可由下式计算：

$$K_E = \frac{\Delta T_V}{T_{LA}} + \frac{\Delta P_V - \Delta P_B}{P_A - P_{VA}} > 0 \qquad (2\text{-}19)$$

式中：K_E——气相空间膨胀因子；

ΔT_V——日蒸气温度范围，°R［兰氏温度，1°R=1.8 K=1.8（K–273.15）℃］；

ΔP_V——日蒸气压范围，psi；

ΔP_B——呼吸阀压力设定范围，psi；

P_A——大气压力，psia；

P_{VA}——日平均液体表面温度下的蒸气压，psia；

T_{LA}——日平均液体表面温度，°R。

日蒸气温度范围 ΔT_V 的计算公式如下：

$$\Delta T_V = 0.72\Delta T_A + 0.028\alpha I \qquad (2\text{-}20)$$

式中：ΔT_A —— 日环境温度范围，°R；

α —— 罐漆太阳能吸收率（表 2-12）；

I —— 太阳辐射强度，Btu/（ft^2·d）。

表 2-12　罐漆太阳能吸收率（α）

罐漆颜色	罐漆状况	
	好	差
银白色（高光）	0.39	0.49
银白色（散射）	0.60	0.68
铝罐	0.10	0.15
米黄/乳色	0.35	0.49

罐漆颜色	罐漆状况	
	好	差
黑色	0.97	0.97
棕色	0.58	0.67
淡灰色	0.54	0.63
中灰色	0.68	0.74
绿色	0.89	0.91
红色	0.89	0.91
锈色	0.38	0.50
茶色	0.43	0.55
白色	0.17	0.34

日蒸气压范围 ΔP_V 的计算公式如下：

$$\Delta P_V = \frac{0.50 B P_{VA} \Delta T_V}{T_{LA}^2} \qquad (2\text{-}21)$$

式中：B —— 蒸气压公式中的常数，°R；

$\quad\quad P_{VA}$ —— 日最高液体表面温度下的平均蒸气压；

$\quad\quad T_{LA}$ —— 日平均液体表面温度，°R；

$\quad\quad \Delta T_V$ —— 日蒸气温度范围，°R。

呼吸阀压力设定范围 ΔP_B 的计算公式如下：

$$\Delta P_B = P_{BP} - P_{BV} \qquad (2\text{-}22)$$

式中：P_{BP} —— 呼吸阀压力设定；

$\quad\quad P_{BV}$ —— 呼吸阀真空设定。

如果固定顶罐是螺栓固定或铆接的，其罐顶和罐体是非密封的，则不管是否有呼吸阀，都设定 $\Delta P_B = 0$。

日环境温度范围 ΔT_A 的计算公式如下：

$$\Delta T_A = T_{AX} - T_{AN} \qquad (2\text{-}23)$$

式中：T_{AX} —— 日最大环境温度，°R；

$\quad\quad T_{AN}$ —— 日最小环境温度，°R。

气相空间高度 H_{VO} 是罐径气相空间的高度，固定顶罐的气相空间包括穹顶和锥顶的空间。H_{VO} 的计算公式如下：

$$H_{VO} = H_S - H_L + H_{RO} \qquad (2\text{-}24)$$

式中：H_S——罐体高度，ft；

　　　H_L——液体高度，ft；

　　　H_{RO}——罐顶计量高度，ft。

锥顶罐罐顶计量高度 H_{RO} 的计算公式如下：

$$H_{RO} = 1/3H_R \qquad (2\text{-}25)$$

式中：H_R——罐顶高度，ft。

H_R 采用下式计算：

$$H_R = S_R R_S \qquad (2\text{-}26)$$

式中：S_R——罐锥顶斜率，如果未知，则使用标准值 0.062 5；

　　　R_S——罐壳半径，ft。

穹顶罐罐顶计量高度 H_{RO} 的计算公式如下：

$$H_{RO} = H_R \left[\frac{1}{2} + \frac{1}{6}\left(\frac{H_R}{R_S}\right)^2 \right] \qquad (2\text{-}27)$$

式中：H_R——罐顶高度，ft；

　　　R_S——罐壳半径，ft。

H_R 采用下式计算：

$$H_R = R_R - (R_R^2 - R_S^2)^{0.5} \qquad (2\text{-}28)$$

式中：R_R——穹顶半径，ft，其值一般介于 0.8~1.2D，如果 R_R 未知，则可用罐体直径代替；

　　　R_S——罐壳半径，ft。

排放蒸气饱和因子 K_S 的计算公式如下：

$$K_S = \frac{1}{1 + 0.053 P_{VA} H_{VO}} \qquad (2\text{-}29)$$

式中：P_{VA}——日平均液体表面温度下的饱和蒸气压，psia。

储藏气相密度 W_V 的计算公式如下：

$$W_V = \frac{M_V P_{VA}}{R T_{LA}}$$ （2-30）

式中：M_V——气相分子质量，lb/lb-mol；

　　　R——理想气体状态常数，10.741 lb/lb-mol·ft·°R；

　　　P_{VA}——日平均液体表面温度下的饱和蒸气压，psia；

　　　T_{LA}——日平均液体表面温度，°R，取年平均实际储存温度，如无该数据，则可用下式计算。

$$T_{LA} = 0.44 T_{AA} + 0.56 T_B + 0.007\,9\alpha I$$ （2-31）

式中：T_{AA}——日平均环境温度，°R；

　　　T_B——储液主体温度，°R；

　　　α——罐漆太阳能吸收率；

　　　I——太阳辐射强度，Btu/（ft²·d）。

T_{AA} 的计算公式如下：

$$T_{AA} = \frac{T_{AX} + T_{AN}}{2}$$ （2-32）

式中：T_{AX}——日最高环境温度，°R；

　　　T_{AN}——日最低环境温度，°R。

储液主体温度 T_B 的计算公式如下：

$$T_B = T_{AA} + 6\alpha - 1$$ （2-33）

特定的石油液体储料的日平均液体表面温度下的饱和蒸气压 P_{VA} 可采用下式计算：

$$P_{VA} = \exp\left[A - \left(\frac{B}{T_{LA}} \right) \right]$$ （2-34）

式中：A、B——蒸气压公式中的常数。

对于成品油，系数 A、B 的计算公式分别为

$$A = 15.64 - 1.854 S^{0.5} - (0.874\,2 - 0.328\,0 S^{0.5})\ln RVP$$ （2-35）

$$B = 8\,742 - 1\,042 S^{0.5} - (1\,049 - 179.4 S^{0.5})\ln RVP$$ （2-36）

式中：S——10%蒸发量下 ASTM 蒸馏曲线斜率，°F/vol%；

RVP——油品的雷德蒸气压, psi。

S 的计算公式为

$$S = \frac{15\% 馏出温度 - 5\% 馏出温度}{15-5} \tag{2-37}$$

2) 工作损失 L_W

工作损失 L_W 与装料或卸料时所储蒸气的排放有关。固定顶罐的工作损失计算公式如下:

$$L_W = \frac{5.614}{RT_{LA}} M_V P_{VA} Q K_B K_N K_P \tag{2-38}$$

式中: L_W——工作损失, lb/a;

M_V——气相分子量, lb/lb-mol;

P_{VA}——日平均液体表面温度下的蒸气压, psia;

Q——年周转量, bbl;

K_B——呼吸阀校正因子;

K_N——工作排放周转 (饱和) 因子;

K_P——工作损耗产品因子, 对于成品油, 有机液体 $K_P=1$。

K_N 与周转数 N 有关。周转数 N 可以采用下式进行计算:

$$N = Q/V \tag{2-39}$$

式中: V——储罐最大储存容积, 如果最大储存容积未知, 取公称容积的 0.85 倍。

当周转数 $N>36$ 时:

$$K_N = (180+N)/6N \tag{2-40}$$

当周转数 $N \leqslant 36$ 时:

$$K_N = 1 \tag{2-41}$$

呼吸阀工作校正因子 K_B 的计算公式如下:

当 $K_N \left[\dfrac{P_{BP}+P_A}{P_I+P_A} \right] > 1.0$ 时:

$$K_B = \left[\dfrac{\dfrac{P_I + P_A}{K_N} - P_{VA}}{P_{BP} + P_A - P_{VA}} \right] \qquad (2\text{-}42)$$

当 $K_N \left[\dfrac{P_{BP} + P_A}{P_I + P_A} \right] < 1.0$ 时：

$$K_B = 1 \qquad (2\text{-}43)$$

式中：P_I——正常工况条件下的气相空间压力，是一个实际压力（表压），如果处在大气
压下（不是真空或处在稳定压力下），P_I 为 0；

P_A——大气压；

P_{BP}——呼吸阀压力设定。

（2）浮顶罐存储

AP-42 中对于浮顶罐总 VOCs 损失 L_T 也分为 4 部分进行计算：边缘密封损失 L_R、挂壁损失 L_{WD}、浮盘附件损失 L_F 和浮盘缝隙损失 L_D（只考虑螺栓连接式的浮盘或浮顶浮盘缝隙损失），用公式表示为

$$L_T = L_R + L_{WD} + L_F + L_D \qquad (2\text{-}44)$$

1）边缘密封损失 L_R

边缘密封损失 L_R 采用下式计算：

$$L_R = K_{Ra} + K_{Rb} v^n D P^* M_V K_C \qquad (2\text{-}45)$$

式中：K_{Ra}——零风速边缘密封损失因子，lb-mol/ft·a；

K_{Rb}——有风时边缘密封损失因子，lb-mol/(mph)^n·ft·a；

n——密封相关风速指数，AP-42 中推荐的 K_{Ra}、K_{Rb} 和 n 取值方法见表 2-13；

v——罐点平均环境风速，mph；

P^*——蒸气压函数，用式（2-46）计算；

D——罐体直径，ft；

M_V——气相分子质量，lb/lb-mol；

K_C——产品因子，原油取 0.4，其他挥发性有机液体取 1。

表 2-13　边缘密封损失因子

罐体类型	密封形式	$K_{Ra}/$ （lb-mol/ft·a）	$K_{Rb}/$ [lb-mol/(mph)^n·ft·a]	n
密封	机械密封	5.8	0.3	2.1
	机械密封+边缘靴形	1.6	0.3	1.6
	机械密封+边缘刮板	0.6	0.4	1
	液态镶嵌式密封	1.6	0.3	1.5
	液态镶嵌式密封+挡雨板	0.7	0.3	1.2
	液态镶嵌式密封+边缘刮板	0.4	0.6	0.3
	气态镶嵌式密封	6.7	0.2	4
	气态镶嵌式密封+挡雨板	3.3	0.1	3
	气态镶嵌式密封+边缘刮板	2.2	0.003	4.3
铆接	机械靴式密封			
	只有一级	10.8	0.4	2
	边缘靴板	9.2	0.2	1.9
	边缘刮板	1.1	0.4	1.5

注：表中边缘密封损耗因子 K_{Ra}、K_{Rb}、n 的值只适用于风速为 6.8 m/s 以下；对于非机械靴式密封的一级边缘密封损耗系数，在计算中默认为"气态镶嵌式密封"。

蒸气压函数 P^* 采用下式计算：

$$P^* = \frac{\dfrac{P_{VA}}{P_A}}{\left[1+\left(1-\dfrac{P_{VA}}{P_A}\right)^{0.5}\right]^2} \qquad (2\text{-}46)$$

式中：P_{VA} —— 日平均液体表面温度下的饱和蒸气压，psia；

P_A —— 大气压，Pa。

如果储罐为内浮顶罐或穹顶外浮顶罐，API-42 建议使用储液温度代替液体表面温度进行参数选取和计算。如果储液温度未知，API-42 建议使用表 2-14 中的公式估算。

表 2-14 年平均储藏温度计算表

罐体颜色	年平均储藏温度/℉
白	$T_{AA}+0$
铝	$T_{AA}+2.5$
灰	$T_{AA}+3.5$
黑	$T_{AA}+5.0$

注：T_{AA} 为年平均环境温度。

AP-42 中介绍并配了各种密封形式的图解，对其推荐方法应用于排放系数计算很有帮助。根据 AP-42 推荐方法的介绍，储罐一级密封分为机械靴式密封、液体充填密封、气体充填密封 3 种形式，分别如图 2-1～图 2-3 所示。

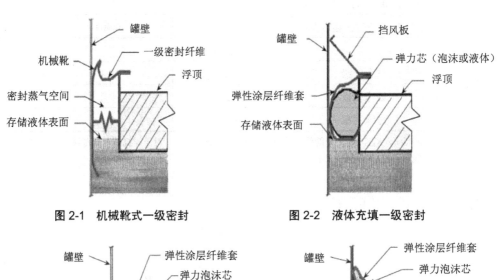

图 2-1 机械靴式一级密封   图 2-2 液体充填一级密封

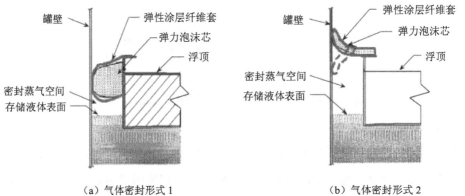

（a）气体密封形式 1   （b）气体密封形式 2

图 2-3 气体充填一级密封

二级密封分为边缘靴板密封和边缘刮板密封，可以与上面 4 种一级密封进行组合搭配，分别如图 2-4～图 2-7 所示。

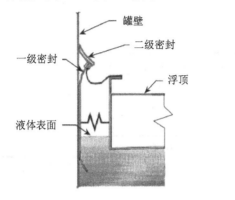

图 2-4　机械靴式+边缘靴板二级密封　　　图 2-5　液体充填+边缘刮板二级密封

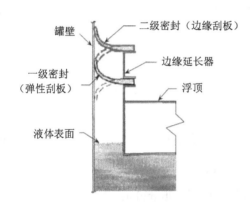
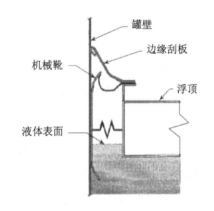

图 2-6　弹性刮板+边缘刮板二级密封　　　图 2-7　机械靴式+边缘刮板二级密封

2）挂壁损失 L_{WD}

挂壁损失 L_{WD} 采用下式计算：

$$L_{WD} = \frac{0.943}{D} \times Q \times C_S \times W_L \times \left[1 + \frac{QN_C F_C}{D} \right] \quad (2\text{-}47)$$

式中：D——罐体直径，ft；

　　　Q——年周转量，bbl/a；

　　　C_S——罐体油垢因子，bbl/1 000 ft^2，见表 2-15；

　　　W_L——有机液体密度，lb/gal；

N_C——固定顶支撑柱数量（对于自支撑固定浮顶或外浮顶罐，$N_C=0$）；

F_C——有效柱直径，ft，取值为 1。

表 2-15　储罐罐体油垢因子

介质	罐壁状况/（bbl/1 000 ft^2）		
	轻锈	中锈	重锈
汽油	0.001 5	0.007 5	0.15
原油	0.006	0.03	0.6
其他油品	0.001 5	0.007 5	0.15

注：储罐内壁平均 3 年以上（包括 3 年）除锈一次为重锈；平均 2 年除锈一次为中锈；平均 1 年除锈一次为轻锈。

3）浮盘附件损失 L_F

浮盘附件损失 L_F 可采用下式计算：

$$L_F = F_F \times P^* \times M_V \times K_C \tag{2-48}$$

式中：F_F —— 总浮盘附件损失因子；

P^*、M_V、K_C 定义同上。

F_F 的值可以由罐体实际参数中的附件种类数（N_F）乘以每种附件的损耗因子（K_F）计算得出。特定类型浮盘附件损耗因子 K_{Fi} 可由下式估算：

$$K_{Fi} = K_{Fai} + K_{Fbi}(K_v v)^{m_i} \tag{2-49}$$

式中：K_{Fi}——特定类型浮盘附件损失因子，lb-mol/a；

K_{Fai}——无风情况下特定类型浮盘附件损失因子，lb-mol/a；

K_{Fbi}——有风情况下特定类型浮盘附件损失因子，lb-mol/(mph)^m·a；

m_i——特定浮盘损耗因子；

K_v——附件风速修正因子；

V——平均气压平均风速，mph。

K_{Fai}、K_{Fbi} 和 m 取值范围见表 2-16。

表 2-16　浮顶罐浮盘附件损耗系数表

附件	状态	$K_{Fa}/$ （lb-mol/a）	$K_{Fb}/$ [lb-mol/(mph)^m·a]	m
人孔	螺栓固定盖子，有密封件	1.6	0	0
人孔	无螺栓固定盖子，无密封件	36	5.9	1.2

附件	状态	$K_{Fa}/$ （lb-mol/a）	$K_{Fb}/$ [lb-mol/(mph)$^m\cdot$a]	m
人孔	无螺栓固定盖子，有密封件	31	5.2	1.3
计量井	螺栓固定盖子，有密封件	2.8	0	0
计量井	无螺栓固定盖子，无密封件	14	5.4	1.1
计量井	无螺栓固定盖子，有密封件	4.3	17	0.38
支柱井	内嵌式柱形滑盖，有密封件	33	—	—
支柱井	内嵌式柱形滑盖，无密封件	51	—	—
支柱井	管柱式滑盖，无密封件	31	—	—
支柱井	管柱式柔性纤维衬套密封	10	—	—
采样管或井	有槽管式滑盖/重加权，有密封件	0.47	0.02	0.97
采样管或井	有槽管式滑盖/重加权，无密封件	2.3	0	0
采样管或井	切膜纤维密封（开度10%）	12	—	—
有槽导向柱	无密封件滑盖（不带浮球）	43	270	1.4
有槽导向柱	有密封件滑盖（不带浮球）	43	270	1.4
有槽导向柱	无密封件滑盖（带浮球）	31	36	2
有槽导向柱	有密封件滑盖（带浮球）	31	36	2
有槽导向柱	有密封件滑盖（带导杆刷）	41	48	1.4
有槽导向柱	有密封件滑盖（带导杆衬套）	11	46	1.4
有槽导向柱	有密封件滑盖（带导杆刷及衬套）	8.3	4.4	1.6
有槽导向柱	有密封件滑盖（带浮头和导杆刷）	21	7.9	1.8
有槽导向柱	有密封件滑盖（带浮头、刷和衬套）	11	9.9	0.89
无槽导向柱	无衬垫滑盖	31	150	1.4
无槽导向柱	无衬垫滑盖带导杆	25	2.2	2.1
无槽导向柱	衬套衬垫带滑盖	25	13	2.2
无槽导向柱	有衬垫滑盖带凸轮	14	3.7	0.78
无槽导向柱	有衬垫滑盖带衬套	8.6	12	0.81
真空阀	附重加权，未加密封件	7.8	0.01	4
真空阀	附重加权，加密封件	6.2	1.2	0.94
浮盘支腿浮筒区	可调式（浮筒区域）有密封件	1.3	0.08	0.65
浮盘支腿浮筒区	可调式（浮筒区域）无密封件	2	0.37	0.91
浮盘支腿浮筒区	可调式（浮筒区域），衬垫	1.2	0.14	0.65
浮盘支腿浮筒区	可调式-内浮顶浮盘	7.9	—	—
浮盘支腿浮筒区	可调式，双层浮顶	0.82	0.53	0.14
浮盘支腿浮筒区	固定式	0	0	0
浮盘支腿中心区	可调式-内浮顶浮盘	7.9	—	—
浮盘支腿中心区	可调式，双层浮顶	0.82	0.53	0.14

附件	状态	K_{Fa}/ （lb-mol/a）	K_{Fb}/ [lb-mol/(mph)^m·a]	m
浮盘支腿中心区	固定式	0	0	0
浮盘支腿中心区	可调式（中心区域）有密封件	0.53	0.11	0.13
浮盘支腿中心区	可调式（中心区域）无密封件	0.82	0.53	0.14
浮盘支腿中心区	可调式（中心区域），衬垫	0.49	0.16	0.14
边缘通气孔	配重机械驱动机构，有密封件	0.71	0.1	1
边缘通气孔	配重机械驱动机构，无密封件	0.68	1.8	1
楼梯井	滑盖，有密封件	56	—	—
楼梯井	滑盖，无密封件	98	—	—
浮盘排水	—	1.2	—	—

注：对于浮顶罐的浮盘附件损失系数，基于实际情况在计算中选择各附件的最大损失系数。

对于外浮顶罐，K_v=0.7；对于内浮顶罐和穹顶外浮顶罐，K_v=0，则式（2-49）演变为

$$K_{Fi} = K_{Fai} \tag{2-50}$$

4）浮盘缝隙损失 L_D

浮盘经焊接的内浮顶罐和外浮顶罐都没有盘缝损失。由螺栓固定的内浮顶罐可能存在盘缝损失，浮盘缝隙损失 L_D 可采用下式进行计算：

$$L_D = K_D S_D D^2 P^* M_V K_C \tag{2-51}$$

式中：K_D —— 盘缝损耗单位缝长因子，焊接盘为 0，螺栓固定盘取 0.14；

S_D —— 盘缝长度因子，为浮盘缝隙长度与浮盘面积的比值，系数选取见表 2-17；

D、P、M_V 和 K_C 的定义同上。

表 2-17　浮顶罐浮盘缝隙长度因子

序号	浮盘构造	浮盘缝隙长度系数
1	浮筒式浮盘	4.8
2	双层板式浮盘	0.8

注：表中的浮盘缝隙长度因子只适用于螺栓连接式浮盘，焊接式浮盘没有盘缝损失；双层板式浮盘系数是根据我国典型 5 000 m³ 内浮顶罐的相关实测值和构造参数计算得出，浮筒式浮盘的盘缝损失约是双层板式的 6 倍。

2.2.2　加油站 VOCs 排放量测算

根据 AP-42 推荐方法，加油站汽油 VOCs 排放因子主要来源于两部分：①油罐车给地下油罐卸油时从地下油罐排放到大气中的油气，AP-42 推荐方法按照理想气体状态方

程的方法进行估算，见式（2-52）；②加油站给汽车加油时从汽车油箱排放到大气中的油气，AP-42 推荐方法建议使用式（2-53）进行计算。

$$E_L = C \times \frac{SP_{pisa}M}{T_R} = \frac{1}{R} \times \frac{SPM}{T_K} = 1.2 \times 10^{-4} \frac{SPM}{T + 273.15} \tag{2-52}$$

$$E_R = 264.2\left[(-5.909) - 0.094\,9\Delta T + 0.088\,4T_D + 0.485\,RVP\right] \tag{2-53}$$

式中：E_L—— 装卸过程 VOCs 排放因子，mg/L；

　　　C—— 由公制单位转化为英制单位的转化因子；

　　　S—— 油气饱和因子，由于我国加油站绝大部分已安装油气回收设施，因此可根据 AP-42 中推荐方法的建议取 1.0；

　　　P_{psia}—— 装卸汽油的真实真气压，绝压，psia；

　　　M—— 油气的摩尔质量，g/mol；

　　　T_R—— 装卸汽油的温度，°R；

　　　R—— 理想气体常数，取 8.314；

　　　P—— 装卸汽油的真实真气压，绝压，kPa；

　　　T_K—— 装卸汽油的温度，K；

　　　T—— 装卸汽油的温度，本书中取各地市的平均温度，℃；

　　　E_R—— 加油过程 VOCs 排放因子，mg/L，不确定度约为 26.8%；

　　　ΔT—— 车辆油箱内的油温与所加油的油温之差，℉；

　　　T_D—— 所加油的温度，℉；

　　　RVP—— 雷氏蒸气压，psia。

除了以上两项 VOCs 来源，加油站汽油 VOCs 还来源于地下储罐的呼吸排放和加油站的滴油排放。由于地下储罐昼夜温差变化小，因此汽油呼吸排放因子也较小，可根据 AP-42 中推荐方法的建议取 120 mg/L。由于我国也尚未系统进行过加油枪滴油 VOCs 排放因子的调查，因此可根据 AP-42 推荐方法中的相关介绍，现阶段对其取 80 mg/L。感兴趣的读者可在 USEPA 的网站上查阅专门的介绍。

综上所述，我国目前加油站汽油 VOCs 排放因子 $E_汽$ 可用式（2-54）计算。

$$E_汽 = E_L + E_R + 120 + 80 \tag{2-54}$$

柴油由于蒸气压低的原因 VOCs 排放较少，环境温度也对柴油 VOCs 影响较小，参考清华大学的相关研究，柴油在加油站的 VOCs 排放因子 $E_柴$ 可取 0.08 kg/t。综合考虑加油站汽油、柴油的 VOCs 排放量，Q 可用式（2-55）计算。

$$Q = \sum E_i \times T_i \tag{2-55}$$

式中：Q —— 加油站汽油、柴油在装卸、存储、销售等过程的 VOCs 排放总量；

E_i —— 汽油、柴油排放因子 $E_汽$ 或 $E_柴$；

T_i —— 加油站汽油、柴油消费量。

2.2.3 装卸过程 VOCs 排放量测算

（1）公路、铁路装载过程排放系数

对于油罐车/铁路罐车装卸油过程中产生的油气排放系数 $L_过程$，AP-42 推荐按照理想气体状态方程的方法进行计算：

$$L_过程 = C_0 \times S \tag{2-56}$$

$$C_0 = 1.20 \times 10^{-4} \times \frac{P_T \times M}{T + 273.15} \tag{2-57}$$

式中：C_0 —— 装载罐车气液相处于平衡状态，将挥发物料看作理想气体下的物料密度，kg/m³；

S —— 油气饱和因子，根据装卸油方式查得（表 2-18）；

P_T —— 油品蒸气压（绝压，kPa）；

M —— 油气的摩尔质量浓度，g/mol；

T —— 装卸油品温度，℃。

表 2-18 油气饱和因子

操作方式		饱和因子 S
底部/液下装卸	新罐车或清洗后的罐车	0.5
	正常工况（普通）的罐车	0.6
	上次卸车采用油气平衡装置	1.0
喷溅式装卸	新罐车或清洗后的罐车	1.45
	正常工况（普通）的罐车	1.45
	上次卸车采用油气平衡装置	1.0

（2）船舶装载损失排放因子

装载不同油品时的船舶装载损失排放因子 L_L 均可采用式（2-58）进行计算。

船舶装载原油时：

$$L_L = L_A + L_G \qquad (2\text{-}58)$$

式中：L_A —— 已有排放因子，kg/m^3，其取值参见表 2-19；

　　　L_G —— 生成排放因子，kg/m^3，其计算公式采用式（2-59）。

表 2-19　装载原油时的已有排放因子 L_A

船舱情况	上次装载	已有排放因子 L_A/（kg/m^3）
未清洗	挥发性物质[*]	0.103
装有压舱物	挥发性物质	0.055
清洗后/无油品蒸气	挥发性物质	0.040
任何状态	不挥发物质	0.040

注：* 指真蒸气压大于 10 kPa 的物质。

L_G 可采用下式进行计算：

$$L_G = (0.064P_T - 0.42)\frac{MG}{RT} \qquad (2\text{-}59)$$

式中：P_T —— 温度 T 时装载原油的饱和蒸气压，kPa；

　　　M —— 油品蒸气的分子质量，g/mol；

　　　G —— 油品蒸气增长因子，取 1.02；

　　　T —— 装载时油品的蒸气温度，K；

　　　R —— 理想气体常数。

船舶装载汽油时的损失排放因子 L_L 见表 2-20。

表 2-20　船舶装载汽油时的损失排放因子 L_L

舱体情况	上次装载物	油轮或远洋驳船[a]/（kg/m^3）	驳船[b]/（kg/m^3）
未清洗	挥发性物质	0.315	0.465
装有压舱物	挥发性物质	0.205	驳船不压舱
清洗后	挥发性物质	0.180	—
无油品蒸气[c]	挥发性物质	0.085	—

舱体情况	上次装载物	油轮或远洋驳船 [a]/（kg/m³）	驳船 [b]/（kg/m³）
任何状态	不挥发物质	0.085	—
无油品蒸气	任何货物	—	0.245
典型总体状况 [d]	任何货物	0.215	0.410

注：[a] 远洋驳船（船舱深度为 12.2 m）表现出的排放水平与油轮相似。

[b] 驳船（船舱深度为 3.0～3.7 m）表现出更高的排放水平。

[c] 指从未装载挥发性液体，舱体内部没有 VOCs 蒸气。

[d] 基于测试船只有 41%的船舱未清洁、11%的船舱进行了压舱、24%的船舱进行了清洁、24%的船舱无蒸气，驳船中 76%的船舱未清洁。

船舶装载汽油和原油以外的产品时，L_L 可利用公路、铁路装载油品计算公式进行估算，对于装载其他油品时的 S，取值可参见表 2-21。

表 2-21　船舶装载汽油和原油以外油品时的 S

交通工具	操作方式	S
水运	轮船液下装载（国际）	0.2
	驳船液下装载（国内）	0.5

典型公路及铁路装载特定情况下的 L_L 取值可参见表 2-22 和表 2-23。

表 2-22　铁路和公路装载损失排放因子 L_L　　　　　　单位：kg/m³

装载物料	底部/液下装载		喷溅装载	
	新罐车或清洗后的罐车	正常工况（普通）的罐车	新罐车或清洗后的罐车	正常工况（普通）的罐车
汽油	0.812	1.624	2.355	1.624
煤油	0.518	1.036	1.503	1.036
柴油	0.076	0.152	0.220	0.152
轻石脑油	1.137	2.275	3.298	2.275
重石脑油	0.426	0.851	1.234	0.851
原油	0.276	0.552	0.800	0.552
轻污油	0.559	1.118	1.621	1.118
重污油	0.362	0.724	1.049	0.724

注：基于设计或标准中雷德蒸气压最大值计算，装载温度取 25℃。

表 2-23   船舶装载损失排放因子 ᵃ   单位：kg/m³

排放源	汽油 ᵇ	原油	航空油（JP4）	航空煤油（普通）	燃料油（柴油）	渣油
远洋驳船	表 2-20	0.073	0.060	0.000 63	0.000 55	0.000 004
驳船	表 2-20	0.12	0.15	0.0016	0.001 4	0.000 011

注：ᵃ 排放因子基于 16℃ 油品获取，表中汽油的雷德蒸气压为 69 kPa，原油的雷德蒸气压为 34 kPa。

ᵇ 汽油损失排放因子从表 2-20 中选取。

2.2.4   运输过程 VOCs 排放量测算

油品在运输过程中的 VOCs 排放主要与所用容器的密闭程度有关，在很多情况下与储罐的呼吸损失（"小呼吸"）相类似。AP-42 推荐方法中对于轮船、驳船运油时的 VOCs 排放采用了以下经验公式进行测算：

$$L_T = 0.1PW \tag{2-60}$$

式中：L_T —— 轮船或驳船在运输过程中的 VOCs 排放，lb/week.10³gal（油）；

P —— 运输油的真实蒸气压，psia；

W —— 冷凝蒸气的密度，lb/gal。

USEPA 对运输汽油的罐车在运输过程中产生的 VOCs 排放也进行了大量研究，其研究表明，油罐车在运输过程中的 VOCs 排放与罐体的密闭性、罐体上真空压力阀的设置、罐体的初始蒸气压和所装载油品的蒸气压、油罐内油气的饱和程度有关。油品的运输距离、时间和油罐车运输过程 VOCs 的排放量并不直接正相关。如果油罐罐体泄漏率增加，运输过程初始 VOCs 增加到一定程度，泄漏率会因其他因素发生改变而使 VOCs 增加趋势变缓。典型情况和极端情况下的汽油排放系数见表 2-24。

表 2-24   汽油在运输过程中的 VOCs 排放因子   单位：mg/L

环节	典型工况	极端工况
装油运输	0～1.0	0～9.0
仅有回收油气返回	0～13.0	0～44.0

2.2.5 测算参数敏感性分析

2.2.5.1 固定顶罐

（1）静置损失排放系数影响

根据固定顶罐静置损失 VOCs 排放产生的原理，结合 USEPA AP-42 推荐的固定顶罐计算方法分析，摩尔质量、蒸气压和存储温度 3 个参数为影响静置损失的关键因素，本书以汽油为例，设定不同的参数，测算得到了影响参数对静置损失的影响。

研究表明，油气的摩尔质量与静置损失 VOCs 排放呈正相关关系，如图 2-8 所示，当油气摩尔质量从 50 g/mol 升至 75 g/mol 时，静置损失 VOCs 排放量增长约 50%。静置损失的 VOCs 排放量随油气摩尔质量线性增加的原因主要是存储物质的摩尔质量越大，能够克服分子力溢出的油品分子数越多，导致 VOCs 排放量就越大。

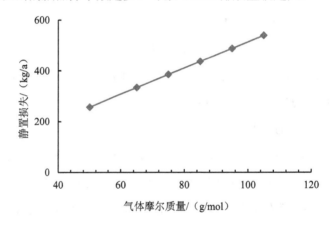

图 2-8 油气摩尔质量对静置损失 VOCs 排放的影响

油品蒸气压对静置损失 VOCs 排放的影响如图 2-9 所示，随着蒸气压的升高，静置损失 VOCs 排放量呈指数型上升趋势，其余蒸气压由 40 kPa 升至 72 kPa 时，静置损失 VOCs 排放量增长了 2.7 倍左右。蒸气压是影响静置损失的重要参数之一，主要是因为蒸气压是影响油品 VOCs 排放的基本推动力，一方面，蒸气压越高，表明 VOCs 从液相变为气相的能力越高，形成 VOCs 分子在气相空间的扩散和对流就越强；另一方面，VOCs 气相饱和浓度随真实蒸气压正比例上升，当储液的真实蒸气压达到储罐的排放压力时，浓度达到饱和的 VOCs 气相就会不断从罐中排出，造成蒸发损失的迅速上升。

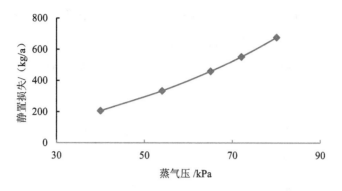

图 2-9　油品蒸气压对静置损失 VOCs 排放的影响

　　存储温度对静置损失 VOCs 排放的影响如图 2-10 所示。存储温度对静置损失 VOCs 排放量的影响也比较大。当存储温度较高（高于 25℃）时，静置损失的 VOCs 排放量呈指数型上升趋势。这主要是因为物料在罐内存储温度较高时发生膨胀，有可能呼出罐外排放 VOCs；当存储温度较低时，油品蒸气压降低，为了保持压力平衡，固定顶罐外的空气可能会进入油罐而造成油品额外的不饱和蒸发，故静置损失与存储温度不是线性关系。随着存储温度的升高，静置损失的 VOCs 排放量呈指数型增长趋势。油品液体的存储温度越高，液相分子具有的动能也越高，摆脱液体表面吸引力形成气相 VOCs 的概率就增大，因为温度的升高会加速液体的蒸发。

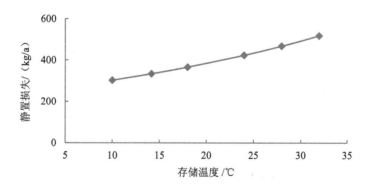

图 2-10　存储温度对静置损失 VOCs 排放的影响

　　固定顶罐结构对静置损失 VOCs 排放的影响研究表明，在罐容不变的条件下，储罐直径增大，静置损失的 VOCs 排放量呈指数型增加趋势（图 2-11），这主要是因为储罐直径越大，储液的蒸发面积越大，造成的静置排放也就越高。而随着液体存储高度升高（不超过设计罐体高度），静置损失的 VOCs 排放量呈指数型下降趋势（图 2-12），这主要是因为油品在固定顶罐中存储高度越高，气相空间就越小，油品就越不容易蒸发。表明当油品在固定顶罐实际存储时，应尽量存储满一些，以减少静置损失 VOCs 排放的产生。

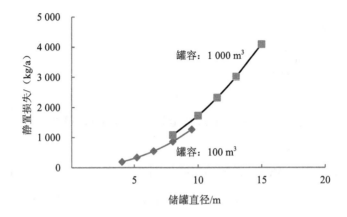

图 2-11　储罐直径对静置损失 VOCs 排放的影响

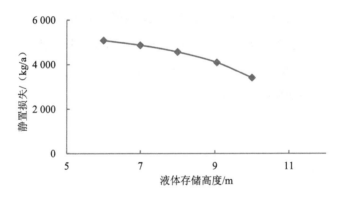

图 2-12　液体存储高度对静置损失 VOCs 排放的影响

（2）工作损失

固定顶罐工作损失的 VOCs 排放量与油气摩尔质量、油品蒸气压的定量测算研究如图 2-13 和图 2-14 所示。研究表明，工作损失的 VOCs 排放量与油气摩尔质量也呈正线性相关关系，影响的原因与上述分析类似。油品蒸气压与工作损失的 VOCs 排放量也呈正线性相关关系，对静置损失的 VOCs 排放量没有显著影响，这主要是因为工作损失的 VOCs 排放量考虑的是油品装卸过程，持续时间较短，故蒸气压对其影响没有静置损失的 VOCs 排放显著。

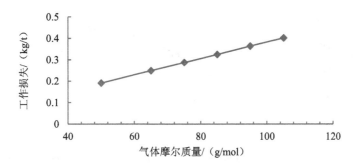

图 2-13　油气摩尔质量对工作损失 VOCs 排放的影响

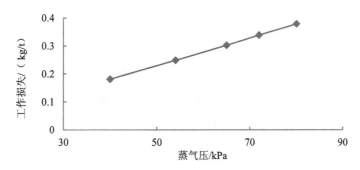

图 2-14　油品蒸气压对工作损失 VOCs 排放的影响

从油品周转量对工作损失 VOCs 排放的测算（图 2-15）可以看出，工作损失的 VOCs 排放量与油品的周转量呈正相关关系。其中，当周转次数小于一定次数（AP-42 中默认是 36 次）时，工作损失的 VOCs 排放量与油品的周转量呈正线性相关；当周转次数大于 36 次时，工作损失的 VOCs 排放量随油品周转量的增长趋势放缓。这主要是因为物料在罐内存储温度较高时发生膨胀，有可能呼出罐外排放 VOCs；温度低时，油品蒸气压降低，为了保持压力平衡，固定顶罐外的空气可能会进入油罐而造成油品额外的不饱和蒸发，故工作损失的 VOCs 排放量与存储温度不是线性关系。随着存储温度的升高，工作损失的 VOCs 排放量呈指数型增长趋势。油品液体存储温度越高，液相分子具有的动能也越高，摆脱液体表面的吸引力形成气相 VOCs 的概率就增大，因为温度的升高会加速液体的蒸发。

对于公式计算中的其他几个因子，K_p 为产品因子，对于一种固定油品来说是常量；K_p 为呼吸阀校正因子，一般与呼吸阀的设计和设置有关，一旦固定则此系数也固定下来；研究测算还表明，一定的存储条件下，如果存储体积相同，则储罐直径等对工作损失 VOCs 排放的影响不显著。

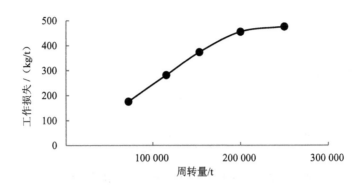

图 2-15　油品周转量对工作损失 VOCs 排放的影响

2.2.5.2　浮顶罐

对于浮顶罐来说，油品特性对其 VOCs 排放系数的影响与固定顶罐大致相似，在此不再赘述。除此之外，环境参数、浮顶罐结构形式对浮顶罐 VOCs 排放也有重要影响。存储温度对浮顶罐边缘密封损失 VOCs 排放的影响如图 2-16 所示，随着存储温度的升高，浮顶罐边缘密封损失的 VOCs 排放近似呈线性增长趋势。这主要是因为浮顶罐的油气空间虽然与固定顶罐相比大幅减少，但在密封位置，浮盘完全贴合液面，仍存在一定的油气空间，在温度升高的情况下，油品蒸气压升高会在各泄漏点位排放 VOCs。

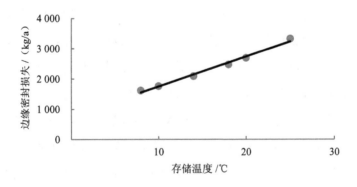

图 2-16　存储温度对边缘密封损失 VOCs 排放的影响

风速对浮顶罐边缘密封损失 VOCs 排放的影响如图 2-17 所示，浮顶罐边缘密封损失的 VOCs 排放量随着年平均风速呈指数型增长。这主要是因为浮顶罐虽然采取了密封方式对油品进行存储，但各密封结构、部件连接处仍不可避免地会出现一定程度的泄漏，风速增大造成气体不饱和度增大，干扰了油气之间的平衡，造成油品的持续蒸发，形成

VOCs 排放。随着风速的增加，不平衡度增高，VOCs 排放也呈指数型上升趋势。

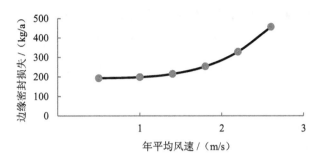

图 2-17　风速对边缘密封损失 VOCs 排放的影响

图 2-18 为一个罐体容积为 5 000 m³ 的内浮顶罐在其他参数保持不变的情况下，密封结构对边缘密封损失 VOCs 排放的影响。当采用不同的密封结构时，USEPA 计算公式的 K_{Ra}（静风边缘密封排放系数）、K_{Rb}（有风情况下的边缘密封排放系数）和 n（风速指数）通过查表取值，边缘密封排放量也随之变化。以气态镶嵌式密封计算得到的浮顶罐边缘密封排放量为 1 时，不同密封结构相对于气态镶嵌式密封下的边缘密封排放量比值如图 2-18 所示。测算表明，不同密封结构对浮顶罐边缘密封损失的 VOCs 排放量影响较大，可差别 2～3 倍，其中"液态镶嵌式密封+边缘刮板"密封结构的边缘密封损失 VOCs 排放最小。

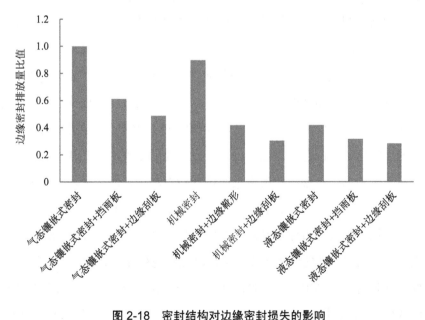

图 2-18　密封结构对边缘密封损失的影响

罐体油垢因子对浮顶罐挂壁损失 VOCs 排放量的影响如图 2-19 所示，罐体油垢因子与挂壁损失的 VOCs 排放量呈线性正相关关系。这主要是因为罐体油垢因子直接决定了油膜厚度，油垢因子增大，浮盘上下运行形成的油膜厚度也线性增加，挂壁损失的 VOCs 排放总量也随之线性增加。与油垢因子类似，挂壁损失的 VOCs 排放量与浮顶罐的油品周转量也呈线性正相关关系。

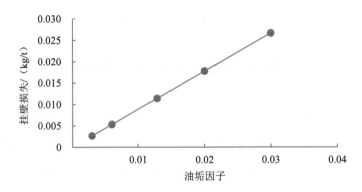

图 2-19　油垢因子对挂壁损失 VOCs 排放的影响

测算分析表明，油品存储过程的 VOCs 排放受油品本身质量、储罐结构形式和储存环境的影响较大：①油品质量：降低油品蒸气压（尤其是在夏季）可有效降低油品存储过程的 VOCs 排放量。油品质量影响的另一个因素是油气的摩尔质量，与 VOCs 排放量线性相关。在油品炼制过程中，提升油品质量，增加重整类及加氢类工艺的比重，减少催化占调和组分的比例，可有效降低油气 VOCs 的挥发。②储罐结构：测算表明，浮顶罐的 VOCs 排放量比固定顶罐低，如果条件允许，尽可能选用浮顶罐、内浮顶罐等油气空间较小的储罐。改进浮顶罐的密封形式，对浮顶罐采用液体镶嵌式并加装边缘刮板等高效密封方式，可有效减少边缘密封损失。由于温度对 VOCs 排放有直接影响，因此储罐应尽可能选用浅色甚至白色的罐漆，以降低太阳能的吸收率。其他方面，如及时清理罐体内表面、减少油垢、对罐体和附件及时进行检查减少泄漏、采用焊接型浮盘等均可避免产生额外的 VOCs 排放。在存储过程中，储罐的 VOCs 排放量随储存高度的降低而增大，浮顶罐的挂壁损失随着浮盘升降次数的增加而增大，因此在实际运行过程中，要做到合理收发料，确保适当的储存高度。浮顶罐上有观察孔、计量井、支柱井、采样管/井、导向柱、呼吸阀等各种附件，附件越多，由于密封部位不严、操作不当等因素带来的浮盘附件 VOCs 排放量也就越大，应尽可能减少浮盘上的附件数，以减少浮顶罐附件损失。③存储环境：存储过程中应尽量降低存储温度，从而大幅度降低储罐的蒸发损失，降低温度也可以有效地减少浮顶罐挂壁油膜因温度高而造成的蒸发。对于固定顶罐，可采用水喷淋的方式降低储罐表面温度，从而降低罐内液体表面温度和罐内温度差，减少储罐 VOCs 蒸发损失。另外，应尽量将储罐放在避风的环境或有遮挡的环境中，以降低风速对储罐 VOCs 排放的影响。

2.3　2019 年我国油品储运销行业 VOCs 排放状况

2.3.1　储油库

截至 2019 年年底，全国已建、在建和规划中的成品油油库超过 3 000 座，中石油、中石化的油库比例在 60%左右，中海油、延长石油，以及英国石油公司、壳牌公司等在国内也拥有部分油库。油库区域分布与成品油消费趋势高度相关，广东省比例最高（20%），江苏省、浙江省、上海市三地的储油库占比达 23%。

2019 年，全国汽柴油表观消费量为 3.11 亿 t，其中汽油为 1.26 亿 t，柴油为 1.46 亿 t，航空煤油为 0.39 亿 t，图 2-20 为 2019 年我国部分省（区、市）的成品油周转量。根据调研，我国汽油及航空煤油存储主要采用内浮顶罐形式，柴油存储主要采用固定顶罐形式。

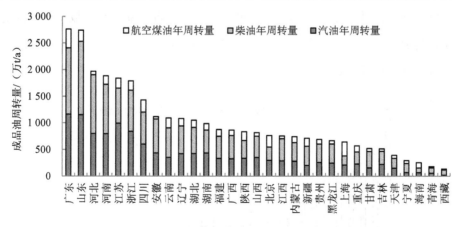

图 2-20　2019 年我国部分省（区、市）的成品油周转量

根据上节的介绍，在储罐 VOCs 排放因子测算方面需要用到的资料和数据包括以下几个方面。

（1）油品参数信息，需要的输入信息包括油品密度、油品雷德蒸气压（RVP）、气相分子质量、5%和15%馏出温度。本书相关测算主要参考了中国石油集团安全环保技术研究院有限公司的相关研究报告。

（2）主要储罐参数，包括储油罐的呼吸阀设定、储油固定顶罐的容积、罐径、罐漆颜色、罐体高度；内浮顶罐的容积、罐径、固定顶支撑柱数量、储油罐除锈频率、浮盘附件数、浮盘类型、密封类型。本书研究、计算储油罐 VOCs 排放均采用公称容积为 2 000 m³ 的储油罐，根据《石油库设计规范》（GB 50074—2002）可知，立式固定顶罐的罐径为 47.57 ft，罐体高度为 52.36 ft。内浮顶罐的罐径为 47.57 ft。其中用于清单计算的立式固定顶罐罐漆为白色，罐漆状况好。用于清单计算的内浮顶罐密封形式为一级机械靴式密封铆接，固定顶支撑柱数量为 1 个，浮盘类型为铆接浮筒式，人孔 2 个，计量井 1 个，支柱井 1 个，采样井 1 个，导向柱 1 个，浮盘支腿 90 个，边缘通气孔 8 个，真空阀 2 个，楼梯井 1 个，浮盘排水 1 个。储油罐除锈频率为每年 1 次。呼吸阀压力设定和呼吸阀真空设定，分别为 0.05 psig 和−0.04 psig。

（3）环境参数，包括储罐所在地区的大气压、日平均最高环境温度、日平均最低环境温度、水平面太阳能总辐射、年平均风速等，可根据中国气象局网站相关公开数据测算。

研究测算的 2019 年全国储油罐 VOCs 排放总量为 13.5 万 t，其中汽油储罐排放约 8.8 万 t，柴油储罐排放约 2.8 万 t，航空煤油储罐排放约 1.9 万 t。从空间分布来看（图 2-21），经济发达的东部沿海地区是主要的排放区域，广东、江苏、浙江是排放量最高的前三个省份，总计排放 3.6 万 t，占全国总排放量的 26.7%。此外，排放量最高的前 7 个省份贡献了总排放量的 49%左右。

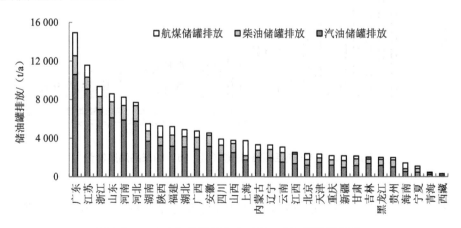

图 2-21　2019 年我国部分省（区、市）储油罐排放

图 2-22 为我国储罐各个月份的 VOCs 排放情况。从时间变化来看，夏季排放显著高于冬季。全国 6 月、7 月、8 月三个月的储罐总排放为 4.9 万 t，是 12 月、1 月、2 月排放总和的 2.6 倍左右，其中汽油储罐、柴油储罐、航空煤油储罐的夏季排放分别为冬季的 2.5 倍、3.1 倍、2.7 倍。从全年排放构成来看，汽油储罐、柴油储罐、航空煤油储罐的排放占比分别为 65%、21%、14%。由于不同省（区、市）之间的成品油消费占比不同，如汽油消费在不同省（区、市）占总成品油消费量的波动范围可达 15%～54%，柴油占比波动可达 27%～72%，因此不同省份之间、不同类型储罐的排放占比波动较大，与全国统一测算结果可能会有较大的偏差，局部储罐排放清单测算时应尽可能掌握本地的基础数据，以便获得较为准确的排放清单。

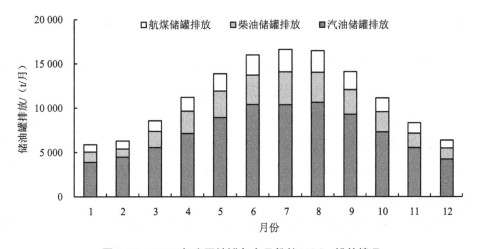

图 2-22   2019 年我国储罐各个月份的 VOCs 排放情况

2.3.2   加油站

根据商务部 2021 年发布的《2020 年国内石油流通行业发展报告》，截至 2020 年年底，全国共有成品油零售企业 11.2 万个，其中加油站 10.2 万座，加油点 0.84 万座，加油船 0.12 万个。11.16 万个成品油零售企业（加油站、加油点和加油船）中，4.8% 分布于高速公路，33.7% 分布于省道和国道，23.8% 分布于县乡道，24.5% 分布于城区，12.0% 分布于农村，1.2% 分布于水域及其他地方。我国加油站主要分为国有企业、民营企业、外资企业三大类。国有企业加油站以"三桶油"为代表，约占全国加油站数量的 50%，民营企业约占 48.1%，外资企业约占 1.9%。

测算加油站 VOCs 排放量时所需的各地市逐月环境气象参数来源于国家气象科学数

据中心网站，逐月的汽油消费量统计来自国家发展改革委和西藏自治区商务厅网站公布的成品油运行统计数据，汽油的相关物性参数参考了相关资料，代表性的雷德蒸气压和5%、15%馏出温度则通过对我国不同区域加油站汽油抽样实测后获得。实测结果表明，根据《车用汽油》（GB 17930—2016）的要求，我国夏季和冬季汽油炼制出来的蒸气压和5%、10%馏出温度指标稍有不同，见表 2-25。

表 2-25　汽油理化参数选取

油品密度/（kg/L）	油气摩尔质量/（g/mol）	雷德蒸气压（5—10 月）/（11 月—次年 4 月）/kPa	5%馏出温度（5—10 月）/（11 月—次年 4 月）/℃	15%馏出温度（5—10 月）/（11 月—次年 4 月）/℃
0.735	65	54/57	47.5/49.5	58.5/60.5

我国各地于 2007 年前后逐步开展加油站汽油油气污染治理，国外的研究表明，在运行良好的情况下，单个加油站油气污染治理设施的油气回收效率可达 90%以上。但加油站油气污染治理设施需经常性维护保养才能达到预期的效率。孙凯、王继钦、张博研、陈鹏等对我国 2017—2019 年各地加油站油气污染治理设施的调研表明，部分加油站油气污染治理设施的运行情况不理想，油气回收效率偏低，故本书选取各地加油站平均汽油油气回收效率 50%进行测算。

利用 AP-42 中的推荐方法测算了 2019 年我国各省会（首府）城市（不包括港澳台地区，下同）加油站汽油 VOCs 排放因子的逐月变化趋势，在我国地理七大片区（华北地区、华东地区、华南地区、华中地区、东北地区、西南地区、西北地区）中选择了北京市、南京市、广州市、武汉市、哈尔滨市、成都市和兰州市为代表，得到的加油站汽油VOCs 排放因子逐月变化趋势如图 2-23 所示。从图 2-23 可以看出，我国各区域代表性省会城市加油站汽油 VOCs 排放因子有明显的先升高再下降的逐月变化规律，其中 7—8 月排放因子最高，12 月—次年 1 月较低。同时因为地域、环境条件等的不同，排放因子有明显的差别。在夏季（以 8 月为例），武汉市加油站汽油 VOCs 排放因子约为 1.60 g/L，兰州市约为 1.21 g/L，前者比后者高约 32.23%；而冬季（以 12 月为例），广州市加油站汽油 VOCs 排放因子约为 1.25 g/L，哈尔滨市约为 0.32 g/L，前者比后者高约 290.63%，差别非常大。关于某一具体城市的加油站汽油 VOCs 排放因子逐月变化情况，广州市差距较小，最大排放因子和最小排放因子仅相差 25.9%，而其他城市则差距明显，其中哈尔滨市的差距最为明显，加油站汽油 VOCs 排放因子最高值（约为 1.35 mg/L，7 月）比最低值（约 0.32 mg/L，12 月）高约 321.88%。清华大学的沈旻嘉等在估算我国 2002 年汽油加油站 VOCs 排放量时，排放因子的选取仅区分了"北京"和"其他省市"，分别为 2.76 kg/t 和 4.95 kg/t，环境保护部于 2014 年发布的《大气挥发性有机物源排放清单编制技术指南（试行）》推荐的加油站汽油 VOCs 排放因子为 3.24 kg/t。本书的测算结果显示，加油站汽油 VOCs 排放因子的地域性和时间性差异明显，使用统一的排放系数测算排放量容易带来较大的不确定度。

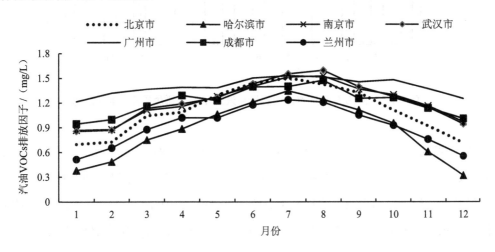

图 2-23　代表性城市加油站汽油 VOCs 排放因子的逐月变化

根据《中国能源统计年鉴（2020）》，国家发展改革委、西藏自治区商务厅发布的相关全国和地方成品油运行数据，利用 AP-42 中的推荐方法逐月测算汇总的 2019 年我国各省（区、市）加油站汽油 VOCs 排放量约为 22.16 万 t。2019 年我国大陆地区汽油消费量和加油站汽油 VOCs 产生量逐月变化情况如图 2-24 所示。从图 2-24 中可以看出，我国汽油成品油逐月消费中，除 2 月有一定程度降低外，其他月份差异较小，其原因可能与人们的出行活动有关。2 月正值我国冬季、学生寒假和中国春节等，人们的出行活动减少，汽油消费幅度降低较为明显，其他月份由于气温较高、工作、生产、生活和娱乐等，人们出行活动较多，因此汽油消费量维持在较高水平。与汽油逐月消费量情况变化不同的是，我国加油站汽油 VOCs 排放量逐月差异较大，其中 3—8 月逐步上升，8 月最高，约为 2.46 万 t，7 月和 9 月也维持在较高水平，分别为 2.31 万 t 和 2.20 万 t，10—11 月又快速降低，12 月到次年 1—2 月维持在较低水平，2 月最低，约为 1.09 万 t，月汽油 VOCs

排放量最高值和最低值相差 122.70%。

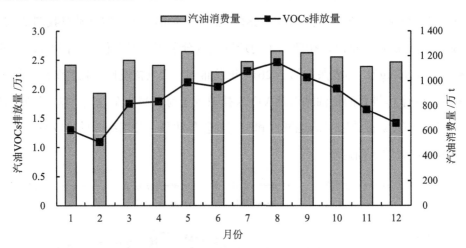

图 2-24 2019 年我国汽油消费量和汽油 VOCs 排放量逐月变化趋势

2019 年我国部分省（区、市）加油站汽油 VOCs 排放量如图 2-25 所示。由图 2-25 可知，我国不同省（区、市）加油站汽油 VOCs 排放量差异较大，广东省加油站汽油 VOCs 排放量最高，约为 2.61 万 t，比排名第二的江苏省高 65.01%，而宁夏回族自治区的加油站汽油 VOCs 排放量仅有约 238.13 t，广东省比宁夏回族自治区高约 108.60 倍。

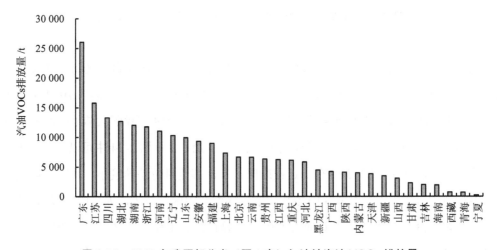

图 2-25 2019 年我国部分省（区、市）加油站汽油 VOCs 排放量

我国不同省（区、市）加油站汽油 VOCs 排放量差异大的原因，一方面是不同省（区、市）的汽油消费量差别较大，另一方面是汽油消费量较高的省（区、市）汽油 VOCs 排放因子总体也较高。研究显示，我国加油站汽油 VOCs 排放量靠前的省（区、市）有广东省、江苏省、四川省、湖北省等，排名前 10 省（区、市）的排放量占到了全国加油站 VOCs 排放量的 59.69%。

图 2-26 为我国七大片区加油站汽油 VOCs 排放量逐月变化趋势。由图 2-26 可知，我国七大片区的加油站汽油 VOCs 排放变化规律基本一致，总体呈现逐步上升又快速下降的趋势，其中 2 月最低，8 月最高，但七大片区的差异非常明显。华东片区无论逐月排放量还是全年排放量均最高，且都比排放第二的华中地区高 87.50% 以上。华东片区加油站 VOCs 排放明显偏高的原因，一是华东片区地理位置偏南，加油站汽油 VOCs 排放因子总体较高；二是华东片区所覆盖的六省一市（江苏省、浙江省、福建省、安徽省、江西省、山东省和上海市）汽油消费量和加油站汽油 VOCs 排放量均处于全国前列。广东省的加油站汽油 VOCs 排放量靠前，但地处的华南地区的其他省区（海南省、广西壮族自治区）加油站汽油 VOCs 排放量并不高，故华南地区整体加油站 VOCs 排放量并不突出，仅与西南片区持平。从七大片区加油站汽油 VOCs 逐月排放量差异来看，东北地区差异最大，月度排放量差异为 226.03%，华南地区差异最小，月度排放量差异为 59.18%。

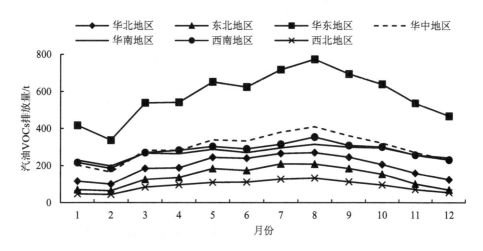

图 2-26　2019 年我国七大片区加油站汽油 VOCs 排放量逐月变化趋势

2.3.3　油品运输过程

根据统计，我国国内现有油码头 1 000 多个，其中万吨级以上油品泊位为 220 多个，20 万 t 级以上的油码头为 20 多个。因水深及通行能力的限制，大型原油船舶可靠港的码头基本集中于东海、渤海、南海这些地区。其中，环渤海湾地区形成了以大连、天津、青岛三港为主，秦皇岛、锦州、唐山、日照四港为补充的原油运输格局；长三角洲地区形成了以外海宁波、舟山两港为核心，嘉兴、上海、南京等港为有益补充的原油中转运输体系；华南沿海基本形成了以泉州、惠州、茂名、湛江、钦州、洋浦等港组成的外贸原油接卸系统。根据交通运输部相关统计结果，目前登记在册的货油码头泊位共计约1 400 个，以 500 DWT（载重吨）为单位，500 DWT 以上的泊位单独计算，以下的泊位合并计算。其中公用码头泊位占 300 多个，非公用泊位占 1 000 多个。图 2-27 为全国货油码头泊位分类类型。其中，成品油泊位占比最高，为 82%，有 1 000 多个，原油泊位其次，为 11%，有 150 多个，其余的泊位主要承担液化石油气及液化天然气的货物装卸工作。

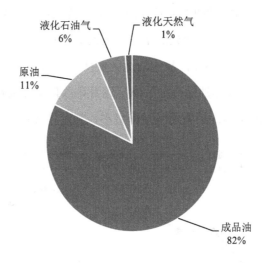

图 2-27　全国货油码头泊位分类类型

根据交通运输部相关统计数据，2019 年我国港口石油、天然气及制品出港（装船）量为3.4 亿 t，港口原油出港（装船）量为 0.97 亿 t，总吞吐量及沿海、内河吞吐量见表 2-26。

表 2-26　全国港口石油、天然气及制品吞吐量　　　　　　　　　　　　单位：万 t

货物种类	原油		其他石油、天燃气及制品	
	出港量	进港量	出港量	进港量
吞吐量	9 680	55 571	24 530	31 634
吞吐量合计	65 250		56 164	

根据原油及成品油在运输环节各运输方式的比例，结合中国统计年鉴、中国能源统计年鉴和交通运输部统计数据，2019 年我国原油、汽油、航空煤油、石脑油通过铁路、水运和公路运输方式装载油品的运输量见表 2-27，其中原油、汽油、航空煤油、石脑油的装船量总计为 1.86 亿 t，占 75.5%。

表 2-27 原油、成品油装船（车）环节的运输量   单位：万 t

项目	铁路	水运	公路	总计
原油	920	9 825	3 056	13 801
汽油	176	5 276	1 055	6 506
航空煤油	54	1 622	324	2 000
石脑油	65	1 938	388	2 390
成品油合计	295	8 835	1 767	10 897
油品总计	1215	18 660	4 823	24 698

根据环境保护部《石化行业 VOCs 污染源排查工作指南》（环办〔2015〕104 号）中的公式法、系数法和调研得到的国外经验系数法测算了 2019 年原油、汽油、航空煤油、石脑油装车（船）过程中的 VOCs 排放量，结果见表 2-28。由表 2-28 可知，装车（船）过程中排放的 VOCs 为 4.9 万～16.9 万 t。分析和研讨表明，2019 年原油、汽油、航空煤油、石脑油运输装车（船）环节的 VOCs 排放量约为 10 万 t，其中装船环节的 VOCs 排放量约为 5 万 t。

表 2-28 原油、成品油装船（车）环节的 VOCs 排放量[*]   单位：t/a

项目	铁路	水运	公路	总计
原油	2 952～8 558	8 319～13 674	9 628～27 907	20 900～50 140
汽油	1 854～5 378	5 824～63 717	11 127～22 253	18 804～91 348
航空煤油	359～1 042	13～33	2 154～6 249	2 526～7 324
石脑油	1 020～2 959	—	6 121～17 754	7 141～20 713
总计	6 186～17 937	14 155～77 425	29 029～74 163	49 370～169 525

注：* 选取不同方法和系数测算的结果。

油品运输过程中有油气挥发损耗，与运输距离、运输油种、温度、季节，以及船舶和车辆运输时的晃动程度有很大关系。本书的油船、油罐车及油品货主企业调研表明，油舱油品损耗率在 0.03%～0.2%，本书采用 0.03% 的油品运输损耗率估算油船运输途中油品的挥发损耗（考虑到我国国内油船运输距离较短）。陆路运输一般较船舶运输距离更短，油罐车的油品运输损耗率按 0.01% 估算 [参考《散装液体石油产品损耗》（GB 11085—89）]。测算结果表明，原油、汽油、航空煤油、石脑油在运输环节的 VOCs 排放量约为 23.75 万 t，其中原油运输过程中的损耗最大，高达 19.9 万 t，水运 VOCs 排放量最高，高达 19.5 万 t；汽油的公路运输次之，为 1.25 万 t。

——————————— 第 3 章 ———————————

油品储运销过程油气排放控制

油品储运销过程 VOCs 排放控制的主要思想是将油气回收，并再次利用或处理，从而减少向大气中的排放。一般来讲，油气回收是一个广义的概念，根据油气收集过程中油气形态的变化，油气回收包括油气收集和油气处理两个过程。油气收集是指在装卸汽油和给车辆加油的过程中，将挥发的汽油油气收集起来的过程。油气收集过程中油气的气相形态没有发生变化，如将在加油站卸油时地下油罐排放的油气回收至汽车油罐内，然后转移到郊外或油库；将装车台密闭收集的油气转移到地下油罐储存等。欧美等发达国家（地区）相关组织、机构最早是从能源回收的角度认识油气回收的意义的，排放控制的发展历程较早，如美国从 20 世纪五六十年代就开始研究相关的回收处理技术了，我国大致于 20 世纪 80 年代也开始了油气回收方法和工程的实践研究。各国的研究经验使得油气回收和处理技术日益成熟，从而减少了油气向大气中的排放，同时收到了较好的环境效益。

3.1 国内外油气排放控制经历

3.1.1 发达国家油气排放控制经历

以美国、德国、瑞典、丹麦、瑞士、奥地利等为代表的发达国家从 20 世纪 70 年代开始着手油气回收治理工作。他们制定了严格的油气排放标准，形成了较成熟的治理技术和运行监督制度，实现了炼厂、油库、加油站等的密闭装卸与油气回收。美国是世界上最早开展油气排放控制，也是技术最先进的国家之一。美国将加油站油气回收控制的步骤分为卸油和加油两个阶段：油罐车向地下储油罐卸油时，油罐车和地下储油罐通过两条管线组成密闭系统，把地下储油罐内的油气收集到罐车内，称为第一阶段油气回收（图 1-8）；将汽车在加油站加油时油箱口排放的油气进行回收，返回到地下储油罐内，称为第二阶段油气回收（图 1-9）。

3.1.1.1　美国

美国自 1970 年颁布《清洁空气法案》，要求地上大型汽油储罐采取控制措施后，又于 1978 年提出了油罐车排放控制指南；1983 年又正式提出了储油库（包括油罐车）、加油站卸油的国家标准（第一阶段），并于 1994 年进行了修改，使标准进一步严格；2006 年又发布了新标准征求意见稿，将储油库浓度排放限值恢复到 1983 年现有企业的标准。以上美国国家标准均未明确提出加油站加油排放标准（第二阶段），但在 1990 年修订《清洁空气法案》时，规定了人口密集区和非达标区应对第二阶段进行治理，同时还要求制订 ORVR 的推进计划。当时全美有 98 个地区被认为是 O_3 非达标区，USEPA 规定 1994—2004 年各州必须在限期内达到标准。1997 年，USEPA 修订了 O_3 标准，重新认定了 474 个 O_3 非达标区，增加了需要控制达标的范围。美国对第二阶段的治理是要求设备供应商提供经过美国加利福尼亚州空气资源管理局（CARB）认证的控制系统，要求总的控制效率为 90% 以上。目前，美国已形成完整的标准体系并达到较高的控制水平，不仅使环境质量得到了提升，还促进了生产技术水平的提高，使汽油在储存、运输和给汽车加油销售过程中更加安全。

加油站的油气排放控制技术（二次/第二阶段油气回收技术）肇始于美国加利福尼亚州的圣地亚哥市。在 1974 年此地区首先推动了第二阶段油气回收技术，实施后，加利福尼亚州其他 16 个因 O_3 污染造成空气品质不良的地区也推行了第二阶段油气回收计划。目前加利福尼亚州政府更是将油气回收计划推行到了整个州，以控制包括苯等有害气体污染物（hazardous air pollutant，HAP）的排放。1977 年，美国《空气清洁法案》（修订版）（Clean Air Act，CAA 1977）中明确规定，特定地区必须采用第二阶段油气回收技术以控制加油时的油气逸散。1990 年版的《空气清洁法案》（修订版）（Clean Air Act，CAA 1990）中直接要求，对于认定为 O_3 污染造成空气品质不良或严重的地区，必须推行油气回收计划作为管制措施。在《空气清洁法案》（参见 CAA，Section 112）中规定了国家标准和主要污染物的名称，且要求采取措施减少污染物的排放，减少率或效率至少是 90%，重要地区如有特别规定则要求大于 95%，USEPA 负责以上法规的制定。第二阶段油气回收系统法规要求满足 90%（或 95%）以上回收率的要求，加油站的整体碳氢化合物排放

（包括加油界面排放、真空压力阀排放和因压力导致的所有排放）必须达到 95% 的效率和小于 0.38 lbs/1 000 gal（46 g/m³）的要求。以上所有的油气排放控制设备必须经过 CARB 的认证后才可在实际中应用。CARB 还规定了具体的检测时间和检测方法。随着一些第二阶段油气回收技术的应用，一系列的问题也逐渐显现出来，不能满足真正的效率要求：①现有技术不能控制在加油界面（油枪和汽车油箱）的喷洒所造成的油气蒸发；②真空辅助的油气回收技术容易因吸入过量的空气而导致油罐内的汽油进一步挥发，整个密闭地下管线内的压力升高，从而在真空压力阀产生排放和油罐向地下水系统的渗漏；③因对设备缺乏维护而导致设备事实上的非正常工作，使系统的回收效率降低；④考虑到油气回收技术的非兼容性，不同的设备间容易产生冲突。1997 年，美国国会通过了在美国销售的汽车必须有 ORVR 功能的法案，其中轻型汽车要求到 2000 年实现 100% 安装，轻型卡车（0～6 000 lbs GVWR）要求到 2003 年实现 100% 安装，中型卡车（6 001～8 500 lbs GVWR）要求到 2006 年实现 100% 安装。ORVR 系统被设计成固定在油箱和加油枪之间，当汽车加油时，油箱中的油气会被活性碳罐吸收，当发动机开始运转，碳罐中的油气就会进入发动机进气管作为燃料被使用。压力平衡式油气回收系统不使用真空泵，没有强制空气进入地下储油罐，因 ORVR 而引起的兼容协调性问题不太突出。但原有真空辅助式第二阶段油气回收系统则随着 ORVR 汽车保有量的增加，开始出现兼容协调性问题。CARB 的现场测试表明，ORVR 汽车加油时，由于油箱里面的油气被车载活性碳罐收集，致使真空辅助式油气回收型加油机上的真空泵吸入过量空气，从而引起地下储油罐内的汽油挥发加剧，气相空间压力上升，真空压力阀处产生过量污染排放。有时甚至会在油箱内形成负压导致加油枪"跳枪"，不能完成加油过程。针对上述问题，CARB 要求自 2001 年 1 月 1 日后认证的第二阶段油气回收系统必须与 ORVR 兼容协调。针对加油站油气回收不彻底的现象，CARB 于 2000 年推出了强化油气回收（Enhanced Vapor Recovery，EVR）法令。EVR 法令是目前世界上对于油气回收最严格的标准，不仅要求对油气回收系统进行在线监测，而且要求对第一阶段和第二阶段油气回收系统的回收效率、加油枪的滴油数等方面做更严格的要求。例如，把第一阶段的油气回收效率从 95% 提高至 98%；把第二阶段的油气回收效率从 90% 提高到 95%；地下储油罐的 30 天正压均值不超过 6.35 mm 水柱，日最高正压不超过 38.1 mm 水柱；与 ORVR 兼容协调；每次加油时加油枪的滴油数不超过 3 滴；年加油量大于 60 万 gal（227.1 万 L，约 1 700 t）的加油站安装站内诊断系统（In-Station-Diagnostics，ISD）等。自 EVR 法令颁布以来，因技术和设备滞后等方面的原因，CARB 先后于 2005 年 4 月、2006 年 6 月对实施时间的进程进行了调整。

3.1.1.2 欧盟

1991 年，联合国欧洲经济委员会缔结了一个致力于减少 VOCs 排放的协议。这个协议包括采取措施控制汽车加油中 VOCs 的排放。另外，WHO 给出了各种物质的限值，其中包括甲苯（260 g/m^3，一周平均）。欧盟各成员国的环境法规总体框架是由欧盟制定的。作为后续步骤，欧盟要求成员国将这些指令在一定时期内转化为国家立法，在这个过程中各成员国可以考虑本国的特点。有关 VOCs 排放最重要的欧洲指令如下。

（1）国家排放上限指令（2001/81/EC）：该指令规定了 4 种不同物质的排放上限，这 4 种物质分别是 NO$_x$、NH$_3$、SO$_2$ 和 NMVOC。德国的排放限值是 2010 年的 NMVOC 排放控制在 99.5 万 t 以内，也就是在 1990 年的基础上降低 69%。

（2）空气质量指令（1999/30/EC）：该指令设立了以限定相关物质浓度为基础的环境空气质量框架。3 个子指令含有各种物质的限值，包括 O$_3$ 和苯。苯的年均浓度限值是 5 g/m^3；O$_3$ 的目标值（120 g/m^3，8 h 平均）一年之内不能超过 25 次，到 2010 年，全年的超标次数要降为零。其中有关油气回收的指令为（94/63/EC）指令，欧盟（94/63/EC）指令侧重 VOCs 分销过程中的回收。它的实施时间是 1994 年 12 月，要求汽油的储存和从储油库到加油站的分销过程 VOCs 的排放不能超过 0.01%（质量分数），也就是 75 g HC/m^3；年周转量超过 2.5 万 t 的储油库需要安装油气回收系统。该指令也包含储油库建设的规定。除一些小型油罐可以只做很小的改造（如使用反射辐射热的颜色）外，其余储油库都必须安装油气回收系统。而且，外浮顶罐必须加装一级密封装置（密封罐壁和浮顶外围之间的环形缝隙）和二级密封装置（在一级密封之上）。所有的新罐必须建成带有内浮顶的固定顶罐，或设计成带有一级和二级密封装置的外浮顶罐。在指令实施时已经建好的固定顶罐必须连接油气回收系统，或者具有一个带有一级密封装置的内浮顶，保证和不连接油气回收系统的固定罐相比总体回收效率至少达到 90%。各成员国还可以实施更严格的法规。在德国的一些法规中有更详细的规定，但几个欧盟成员国仍然在实施措施的阶段。

2009 年 5 月，欧盟委员会公布了一项法律草案，要求欧盟境内所有汽油年销售量超过 500 m^3 的新建和改建加油站必须安装第二代油气回收系统，以减轻有毒气体对人体及环境的危害。该草案还要求，现有汽油年销售量超过 3000 m^3 的加油站最迟于 2020 年安装第二代油气回收系统。目前该法案已得到欧洲议会和各成员国的批准并在全欧盟范围内执行。在德国，第二阶段油气回收法规是以第 21 号法令的形式出现的，这个法令是德国空气污染物法案（BImSchG）中的一部分。作为一个关键的要素，德国第二阶段法规要求在加油操作中排放的 VOCs 要被捕集并回收到储油罐中。以下对德国的油气回收情况进行详细介绍。

3.1.1.3　德国

德国汽油排放的 VOCs 主要是通过其颁布的两个法令来体现：第一阶段和第二阶段油气排放控制指令。第一阶段油气排放控制指令是关于限制汽油装卸和储存时 VOCs 排放的法令，为 20. BImSchV，其于 1992 年 10 月 14 日开始实施，于 1998 年 5 月 27 日进行了修订，并于 2002 年 6 月 26 日形成了最终版。其中包含以下内容。

（1）储存挥发性物质且年周转量在 2.5 万 t 以上的储罐的设计要保证低排放，包括使用 VOCs 回收系统，使用上文提到的欧盟指令（94/63/EC）中描述的密封装置。密封效率要保证蒸气损失不超过 5%（浮顶罐），或安装低压系统（固定顶罐）。

（2）向储罐加油或从储罐取油要在储罐和罐车之间实现不漏气连接，或使用先进的油气回收系统。

（3）处理被污染的空气装置要保证 97% 的 VOCs 都已从油气混合气中萃取出来，对于不需要政府验收的装置，VOCs 的质量排放浓度不能超过每小时 35 g/m^3，而对于需要政府验收的装置，VOCs 质量排放浓度不能超过 0.15 g/m^3（质量流量大于或等于 3 kg/h）和 5 g/m^3（质量流量小于 3 kg/h）。

（4）储油库给油罐车装油的装油口要按照 94/63/EC 指令的要求来设计安装。

（5）必须安装自动控制系统，保证一旦检测到 VOCs 排放就自动停止装卸油程序。

（6）出油臂的端口要尽量靠近油罐车油罐的底部，以减少泼溅损失。

（7）移动油罐（油罐车等）和加油站的设计要避免装卸油过程中的 VOCs 排放损失。

第二阶段关于限制汽车加油时碳氢排放的法令为 21. BImSchV，最初版是 1992 年 10 月 7 日发布的，实施时间为 1993 年 1 月 1 日，2002 年 5 月 6 日进行了修订。在最新版的相应法令中包含以下规定。

（1）2002 年 5 月 18 日后建成的加油站必须安装 VOCs 回收系统，且认证回收效率不低于 85%。

（2）非真空辅助的油气回收系统要保证喷油嘴和汽车油箱间的真空紧密连接。所以，密闭性的控制非常关键。气体必须在回收系统中自由循环，背压不能超过生产者给定的最大值。

（3）带有真空辅助的油气回收系统其气液比应为 95%～105%。不能让更多的空气进入系统，在线监控系统要监测油气回收系统的正常运转。在线监控系统是用来检测系统故障的。系统自动向加油站工作人员报告检测到的故障。如果故障持续出现达到 72 h，在线监控系统就要启动自动关闭加油泵的程序。另外，在线监控系统还要监视自身的工作是否正常。所有程序都会被记录下来。

根据指令，系统的一种故障发生在当连续 10 个加油过程的回收气液比低于 85%或高于 115%时就应被记录（加油过程汽油体积流量不低于 25 L/min、加油时间不少于 20s 的情况下），或者挥发的 VOCs 就必须被收集到尾气处理装置（如吸收法），以保证系统不低于 97%的油气回收效率。

第二阶段油气回收法令的第一版从 1993 年开始实施，到 1997 年年底，所有的加油站（大约 1 500 家）都需要安装油气回收系统。但是 1995—2000 年大家对系统的可靠性越发关心，并开始讨论油气回收系统的实际效率。20 世纪 90 年代，当大多数加油站都已加装油气回收系统的时候，德国的几个州（如巴伐利亚自由州、北莱茵-威斯特法伦州、黑森州）为评价已安装油气回收系统的有效性展开了研究。结果令人很失望，大约 30%的油气回收系统由于各种原因完全不工作，另外有 50%（包括已提到的 30%）的加油站存在问题。有些情况、问题已持续了一年或以上。很多问题是由于泵的故障：一级电子元件失效导致的。因此，必须意识到油气回收的效率比原本估计的 75%要低很多，大约只有 65%。这些发现的一个重要结论就是有必要建立一个方法来及时发现存在的问题。基于这些结果，德国开始讨论研究如何改善油气回收系统的技术、检查和监管来实现回收的有效性。德国政府决定修改第 21 号法令来避免观测到的问题，修改后的第 21 号法令于 2002 年出版实施。

新法规的关键内容是要求给油气回收系统安装在线监控系统，但前提是系统的可靠性强，可以胜任监控的目标。所以，在这些系统生产商的支持下，德国石油与煤科学技术学会（DGMK）开始对不同的系统进行分析，其中有 2 种原型（FAFNIR，TOKHEIM）被测试成功。第 21 号法令（第二阶段油气回收）除了要求安装在线监控系统，还提出了以下要求。

（1）对新建和改建、扩建的加油站，总回收效率不能低于 85%。每个环节的回收率不得低于 95%（包括公差）。

（2）如果故障持续 72 h，要自动关闭加油泵，且在线监控系统要马上把观测到的问题通知加油站工作人员。

（3）从 2003 年 4 月 1 日起，每个新装置都要安装这个系统，现有的加油站都必须根据固定的时间表进行改造。

①每年汽油销售量多于 5 000 m^3 的加油站，从 2005 年起安装在线监测系统；

②每年汽油销售量在 2 500～5 000 m^3 的加油站，从 2006 年起逐步安装在线监测系统；

③每年汽油销售量在 1 000～2 500 m^3 的加油站，从 2007 年起安装在线监测系统；

④每年汽油销售量少于 1 000 m^3 的加油站，从 2008 年起安装在线监测系统。

（4）主动提前安装在线监控系统的加油站可以享受增加检查间隔的待遇。

另外，安装的自动系统必须采用最新的技术。如果使用了真空辅助系统，气液比要被限制在 105%。因为最新的法规希望避免增加通气损失，所以气液比必须在 95%～105%。修改第 21 号法令后，德国加油站油气回收系统的建设、监测出现了新的特点，主要表现在以下 4 个方面。

①油气回收系统气液比的测量方法

修改后的第 21 号法令要求每根油管必须用实际的汽油流检验 3 次，气液比的测量主要有湿法测量和干法测量。由于干法测量可以提供与检测队伍实际检测相同的信息，因此 VOCs 排放就被大大遏制了，干法测量也在德国被广泛应用。虽然现在 3 次干法测量的程序没有作为修订写入法令，但是已经体现在了德国技术监督协会（TÜV）的相应技术说明中。

②密闭性的检测间隔问题

第 21 号法令的修订版要求每 5 年检测一次油气回收系统的密闭性，但是在旧版的法令中并不包含这一点。因此 VdTÜV 908 里规定，过渡期可每 10 年检测一次，但过渡期结束后，所有加油站必须每 5 年检测一次。

③油气回收系统的"自我修复"问题

DGMK 曾进行过一个项目研究，分析了各个加油站油气回收系统的有效性和问题。研究得出一个结论：所有的加油站至少观测到一次"自我修复过程"。自我修复意味着在线监控系统启动了报警和关闭功能，但是 72 h 后问题消失了。在这种情况下，检测人员检查了整个系统，但并没有发现问题。原因可能是冷凝的汽油导致了检测系统的故障，一旦汽油再次挥发掉，系统就又会恢复正常。为解决这一问题曾考虑过设置在线系统的重新启动。然后就可以假设，如果 72 h 后 5 个或 5 个以上的加油程序（流量不低于 25 L/min，时间不低于 20 s）十分正常，就可以认为没有什么大问题。在这种情况下，不需要采取进一步的措施。但是在低温情况下，冷凝的汽油无法挥发，问题依然存在。

④安装在线监控系统后是否需要重新控制系统气密性问题

安装在线监控系统后是否需要重新认证或进一步检查系统的气密性？根据德国联邦环境署的意见，安装在线监控系统对系统的影响不大，无须进一步认证或检查。例如，有的在线监控系统只提供了用红绿控制信号来表明是否工作的信息，这种在线监控系统对油气回收系统的影响就不大。

基于以上问题和以后可能出现的新问题，第 21 号法令的修订版提出，将来针对出现的问题，该法令有可能会得到德国国家工作组"排放控制"空气/技术委员会的批准而进行改动。

从 1990 年开始，德国由于实施了各种控制 VOCs 排放的措施，VOCs 排放量已大幅下降，如图 3-1 所示。1990 年，道路交通是德国最主要的 VOCs 排放源，其次是溶剂行业，但严格的强制排放标准和三元催化器的使用使德国道路交通排放的 VOCs 有了明显的下降。尽管 1990—2004 年交通流量增加了，但 VOCs 排放量还不到 20 万 t。1990—2004 年溶剂行业的 VOCs 排放量虽然有一定程度的下降，但仍维持在较高的水平。汽油储运销过程排放的 VOCs 在 20 世纪 90 年代是很高的，达到近 30 万 t，但到了 2004 年，已经下降到 3 万 t 以下。

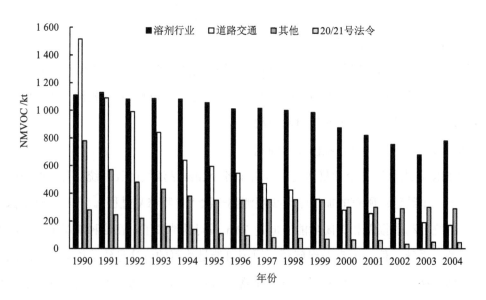

图 3-1 德国 NMVOC 排放变化（1990—2004 年）

图 3-2 给出了根据第 20 号和第 21 号法令区分的 VOCs 排放变化情况。原来估计的是到 1999 年油气回收系统安装后第二阶段的排放量应下降 75%。但实际上的下降率是 50%，这主要归结于系统故障。但通过引入在线监控系统，2010 年已实现 75%的下降率，这意味着每年还有 1.5 t VOCs 将被回收。从绝对数上说，如果没有安装带在线监控系统的油气回收系统，2006 年将有 9 万 t（112 500 m³）VOCs 挥发到大气中。但由于采取了第一阶段措施，另外 9 万 t VOCs 也被回收了（第一阶段和第二阶段各回收了 9 万 t VOCs）。

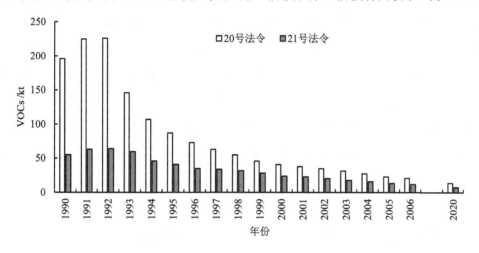

图 3-2 德国汽油储运销过程 VOCs 排放情况（1999—2020 年）

3.1.1.4 日本

日本的能源供应一直比较紧张，"二战"后，日本围绕着油品蒸发损耗进行了深入研究，如日本化学会于 1971 年在环境专门委员会内成立了碳氢化合物小委员会，集中对油品蒸发损耗及大气污染等相关问题进行了研究。在日本，如东京都、大阪等地方公共团体对固定污染源的 VOCs 进行了排放控制。目前，日本几乎所有的原油、石脑油和汽油都存储于内、外浮顶罐中，甚至有些石脑油还储存在球形耐压罐中。日本几乎在油品装卸收发的各种场合都应用了油气回收装置。但日本没有规定油气排放浓度的限值，只是有的地方政府提出了 90%的油气回收率。

3.1.2 我国大陆地区油气排放控制经历

我国开展油气回收技术的实践研究工作也比较早，20 世纪 70 年代，国内石油系统科研单位和企业开始研究油气回收技术和产品。最初有中石化北京设计院在东方红炼油厂建立的工业实验装置；中石化抚顺石油化工研究院在抚顺石油三厂开展的油气回收与减少损耗研究。20 世纪 80 年代初期，上海石油公司科技部与江苏石油化工学院储运系师生合作，以杨树浦油库日本善丸公司设备问题为案例研究油气回收技术，开发了新吸收法油气回收技术和专用吸收剂。还有中石化洛阳设计院与长岭炼油厂合作建成了吸收法油气回收处理装置。1987 年，桂林石油公司向桂林市科委申请立项，组织了石油、化工、制冷、机械等多个专业的人员研制冷凝吸收式油气回收装置，经过小试、中试，于 1992 年完成大型样机并在桂林羊角山油库成功运行，并通过了科技鉴定和专利授权。20 世纪 90 年代后期，上海蓝泓科技公司开发的人工制冷油气回收装置在上海耀华加油站投用。同期上海维高环保科技有限公司也进行了冷凝回收的样机试验。20 世纪 80 年代，原商业部中国石油公司（现中石化销售公司）从国外引进了采用冷凝法、吸收法、吸附法的油气回收装置各一套，分别设置在了天津、上海、太原的油库使用。其中只有冷凝法装置的使用效果较好，并于 1998 年 9 月将其调拨到了镇海炼油厂。1998 年，广东泰登公司引进了国外加油站一次、二次油气回收产品，美国多福公司也在我国积极推销加油站油气回收设施。1999 年，北京开展了加油站卸油和储油库储油过程的油气排放治理，缓解了城市地区大气环境的污染，减少了部分排放。其后，随着国内对油气回收工作的认识，乌鲁木齐石化厂采购了丹麦库索深公司的吸附装置，上海杨树浦油库、闵行油库、北京黄村油库、燕山石化炼油厂分别采购了美国乔丹公司的吸附装置。美国 HEALY 公司、OPW 公司也开始在我国推销加油站的二次回收设施。德国某公司提供了两套膜分离工艺的加油站油气回收设备安装在中石油上海加油站试用。但进口装置价格高昂，安装调试周期漫长（有的两三年甚至六七年都不能正常运行），而且一些装置投用后也达不到供应商事前承诺的效果，使得国内的有关企业不得不接连派人员出国进行考察等，这些情况促进了国内环保企业开发油气回收技术和产品的积极性。

2003 年，中石化抚顺石油研究院制造了冷凝温度为 3℃、−35℃、−73℃ 的三级冷凝试验装置，并于 2006 年将第三级改造为−120℃，全面、系统地开展了冷凝式油气回收技术的研究，并取得了大量试验数据。2004 年，青岛高科石油天然气新技术研究所与青岛德胜公司联合开发出第一台国产化处理能力为 300 m³/h 的冷凝式油气回收处理装置，并于 2005 年在青岛炼油厂试运行，取得了现场论证数据，也于当年 8 月通过了专家委员会的鉴定。2005 年，上海首佳制冷工程公司在浦东制造了冷凝温度为−60℃ 的冷凝试验装置并进行了模拟试验。2005 年 9 月以来，青岛德胜、北京中航乾琦、北京中能环康等企业生产的加油站冷凝式油气回收处理装置先后在西安、银川、鄂尔多斯、青岛、苏州、哈尔滨、秦皇岛等城市投入使用。中石化青岛安全工程研究院、中国石化工程建设有限公司及北京石油分公司在北京沙河油库完成的吸附法油气回收处理装置，江苏工学院、九江石化及洛阳石化设计院完成的吸收法油气回收处理装置均通过了中国石化科技部的鉴定。2006 年以来，广州黄埔油库安装了青岛德胜公司生产的 300 m^3/h 冷凝式油气回收处理装置；大庆石化油库安装了哈尔滨天源公司生产的吸收式油气回收装置；中石油江阴油库也安装了油气回收装置。大连地区依托中国科学院膜科学研究所的技术力量成立了数家公司开发膜技术油气回收装置，并在大连石化、哈尔滨石化制作了膜工艺的油气回收装置。武汉楚冠、北京金凯威、长沙明天、浙江佳力等企业也都投入了人力、物力进行油气回收产品的开发。但这些单纯针对某一点的油气排放措施并不能真正解决加油站的油气污染问题，某些方面的油气污染控制在一定程度上存在油气污染转移的现象。主要表现在以下 3 个方面。

（1）转移排放现象一：从加油站转移到油库

例如，单纯"第一阶段控制措施"是在加油站卸油时，通过密闭连接的管路，将地下油罐置换出来的油气收集进油罐车内运出加油站。运出加油站后怎么办呢？实际情况是，有的油库尚未安装油气回收处理装置，有的油库安装了油气回收处理装置却大部分时间不能正常运转。如果油库没有条件将油气液化处理，运回油库的油气仍然只能放掉。另外，不少油罐车尚未实行专车专品种运油，每当卸了汽油再去装柴油时，油罐内的汽油油气也只能放掉。

（2）转移排放现象二：从加油站转移到油罐车返回油库的路途上

我国油罐车附件设备在用状态不完好、不密闭，容易导致油气泄漏。南方一城市实施了"第一阶段油气排放控制措施"后发现，虽然实行了油罐车底部密闭装卸油气回收方式，但油库油罐车收集的油气仍然很少，影响了油库油气回收处理效果。查找原因时，在仔细检查 7 辆油罐车车顶附件时发现，量油口、安全阀、油气管路的连接胶管、罐体大盖等都有泄漏点，没有一辆车达到了完全密闭。当油罐车一路奔驰时，从油罐泄漏点急速进入的空气气流将"第一阶段控制措施"收集的油气置换了，油气被排放在油罐车返回油库的路途上了。

（3）转移排放现象三：从加油枪口周围转移到呼吸管口排放

"第二阶段控制措施"是将汽车加油时排放的油气收集到地下油罐内。有的供应商说自己的油气收集枪收集率大于 95%。有的供应商在产品样本上说自己的二次油气回收系统可有效控制加油站加油时的油气排放，确保加油场地无空气污染，达到国际安全环保要求。然而实际情况是：第一，油气回收枪的油气收集效率达不到供应商自己所说的数据；第二，由于我国油品的气液比偏大，多收集的空气反而可能将地下油罐内的饱和油气排挤出来，增加排放污染。这主要是因为真空压力阀很容易损坏成为常通状态。例如，中国台湾环境保护主管部门 1999 年对 212 个加油站、2000 年对 408 个加油站的油气回收设备进行质量检测检查时发现，真空压力阀经常损坏。检查报告指出，在检查中发现损坏还只是一部分，因为厂商大多在检查人员到站前才装上或修复（见中国台湾环境保护主管部门发布的 "加油站设置真空辅助式油枪油气回收设备补助申请之检测及审查执行计划期中工作报告"）。可以想象，真空压力阀的实际损坏程度应该更严重。真空压力阀容易损坏的原因可能是受到 "气液比" 波动大、阀芯打开和关闭过于频繁的影响。一旦真空压力阀损坏成为常态，地下油罐系统也就与大气环境相通而处于常压状态了。

出现油气转移污染现象的原因主要是我国进行油气回收工作的时间较短，经验较少，忽略了西方发达国家数十年来在油气回收方面的经验和教训，将 "储油库、油罐车、加油站" 三者进行了分割治理，使油气回收治理工作走了一些弯路。要真正解决汽油在储运销整个过程中的油气排放问题，不但要加强储油库、油罐车和加油站各个环节的油气治理工作，而且要将三者统一起来，形成一个整体系统来进行油气治理和监管，这样才能真正解决我国现在存在的油气污染问题。

我国于 1996 年颁布了《大气污染物综合排放标准》（GB 16297—1996），标准中规定了 14 类 VOCs 的最高运行排放浓度、最高允许排放速率和无组织排放限度值，其中对非甲烷烃类 VOCs 的排放浓度做出了明确限定：要求自 1997 年 1 月 1 日起，现污染源和新污染源排放的非甲烷总烃最高允许浓度分别为 0.15 g/m^3 和 0.12 g/m^3。随着人们对环境污染问题的日益重视，国内大中城市加油站的烃类 VOCs 污染问题也逐渐引起人们的关注。2003 年 8 月，北京市环境保护局和北京市质量技术监督局联合颁布了三项北京市地方标准：《储油库油气排放控制和限值》《油罐车油气排放控制和检测规范》《加油站油气排放控制和限值》，这是国内控制成品油储运系统油气排放的首个地方标准。但由于储油库油气回收配套设施未能及时到位等多方面的原因，即使加油站按规范进行了卸油密闭改造，实际运行效果也并不理想，多数场合不过是造成了油气污染物的转移排放。2007 年 1 月，北京市质量技术监督局委托机械科学研究院中机生产力促进中心、北京市环境保护科学研究院开始对这三项强制性标准进行逐步修订，目前最新版已更新至 2023 年。

2006 年 9 月 19 日，由国家环保总局办公厅发函，就委托中国石化抚顺石油化工研究院环保所编制起草的《石油及成品油储运销售业污染物排放标准》，向国家发展和改革委员会办公厅、中国石油天然气集团公司、中国石油化工集团公司、中国环境科学研究院、中国环境监测总站、国家环保总局环境工程评估中心、各省/自治区/直辖市环境保护局（厅）、中国环保产业协会等单位征求意见。从公开发布的《石油及成品油储运销售业大气污染物排放标准》（征求意见稿）编制说明来看，起草单位进行了大量卓有成效的调查和研究工作。但在最后的污染物排放控制措施方面，则过于照顾、考虑国内油气回收行业的发展现状，在关键控制指标方面略显宽松。因此，国家环保总局重新委托北京市环境保护科学研究院和国家环保总局标准研究所负责制定《储油库大气污染物排放标准》《加油站大气污染物排放标准》《汽油运输大气污染物排放标准》三项国家标准。2007 年 1 月 23 日，国家环保总局科技标准司在北京主持召开了《储油库油气排放控制和限值》《油罐车油气排放控制和检测规范》《加油站油气排放控制和限值》三项标准的专家审议会，会上提出了一些修改意见。2007 年 6 月 22 日，国家环保总局发布了第 44 号公告，批准《储油库大气污染物排放标准》《汽油运输大气污染物排放标准》《加油站大气污染物排放标准》三项标准为国家污染物排放控制标准（强制实施），并自 2007 年 8 月 1 日起实施。2008 年 4 月发布了《储油库、加油站大气污染治理项目验收检测技术规范》（HJ/T 431—2008），用以指导油气治理建设、改造完成的加油站的油气治理项目检验验收工作。

我国油品储运销过程油气排放的三项控制标准采取了系统控制的思路，是将汽油油品储运销过程的油气排放进行统一的控制。所谓系统控制是指将加油站、油罐车和储油库一并考虑，每个生产系统完成预定的治理要求，最后将油气集中到储油库回收处理。系统控制解决了几个重要问题：一是不将加油站作为单独的污染源进行治理，解决了相对储运销行业污染源数量最多、每个污染源污染排放点多、工艺复杂难以治理、社会影响面大且对环境影响大的难题，治理效果好且监督管理内容明确，一次治理建设和运行成本低，治理技术使用要求不高便于普及；二是治理污染与生产实现了较好的融合，不因治理影响生产，在汽油由上游流通到用户的同时，完成了油气反方向的收集和通过储油库高效回收处理装置集中转化为汽油再利用；三是通过治理污染提高了生产过程的安全性，并在一定程度上通过减少油气排放获得了经济收益，其中储油库的收益最好。

2007 年国家三项油气排放标准颁布后，国内油气回收控制走向了系统控制，并随着我国对环境保护工作的重视，油品储运销环节的油气污染控制工作不断加强。一方面，随着国家标准的出台，北京、广州等地对油气回收工作的指导文件、扶持政策也不断完善。如北京市出台了《关于对开展油气回收治理给予奖励补助的通知》（京财经〔2007〕3162 号），广东省六部委颁发了《印发广东省油气回收综合治理工作方案的通知》（粤环〔2009〕3 号）等。另一方面，奥运会的召开有力地推动了油气污染治理和油气回收利用。2008 年北京奥运会举办之前，在国家环保总局和北京、天津、河北、山西、内蒙古等六省（区、市）共同编制、国务院审议批准的《第 29 届奥运会北京空气质量保障措施》推动下，对北京全市范围内的 1 442 座加油站、1 400 辆油罐车和 37 个储油库进行了油气排放治理，天津、河北等地的设市城市也开展了大量加油站、储油库和油罐车的油气治理工作。继北京后，广东省珠三角地区、上海市也全面启动了油气回收治理工作。济南、南京、杭州等地也积极准备开展辖区内的油气污染治理工作。随着国家标准的实施，到 2015 年，我国大部分的设市城市都已开展辖区内加油站、储油库和油罐车的油气治理工作，我国的油气污染治理进一步深化，截至 2017 年，大部分城市已基本完成汽油油气污染治理设施的改造安装工作。

3.1.3 我国台湾、香港地区油气排放控制经历

我国台湾、香港地区进行油气排放治理工作的时间较早。我国台湾从 1993 年开始引进加油站油气回收系统。直到 2009 年，台湾 95% 以上的加油站安装了第一阶段和第二阶段油气回收系统。2010 年 12 月 31 日，台湾借鉴美国加利福尼亚州的《法规 461 汽油转移和加油》，修订发布了"加油站油气回收设施管理办法"，该办法对地方主管机关的监督性检测和加油站企业的自行检测做出了规定，如该办法第八条要求：地方主管机关执行加油站加油枪之气油比检测，其检测数量应为每一汽油加油机使用之加油枪数 1/2 以上。检测结果有下列情形之一者，认定为不合格。

（1）符合该办法第八条的气油比检测合格标准范围之加油枪未达总检测数 70% 者。

（2）符合该办法第八条的气油比检测合格标准范围之加油枪达检测数量 70% 以上，其未符合合格标准范围之加油枪，经主管机关限期改善，届期未完成改善者。

（3）加油站未能依前项第二款期限完成改善者，应说明理由于期限届满前向地方主管机关申请展延，展延总日数不得超过九十日。

（4）加油站因故未使用之加油枪，应挂牌上锁并于二十四小时内，向地方主管机关报备者，得免纳入第一项之检测。

该管理办法第九条规定：

（1）加油站应自行或委托专业检验测定人员，每两年进行一次气漏检测，每次检测应于前次检测月之前后一个月内进行；每支加油枪应于每年一至六月及七至十二月各至少进行一次气油比检测，其连续两次检测间隔期间应为三个月以上。必要时，地方主管机关得要求其增加检测频率。

（2）加油站之汽油发油量连续三个月平均月发油量低于二百公秉（1 公秉=1 000 L）以下，报经主管机关认可者，漏气检测之频率得改为每三年进行一次，加油枪气油比检测频率得改为每年进行一次，其连续两次检测间隔期间应为六个月以上。但任一季发油量超过六百公秉以上者，应依前项规定办理。

（3）依前项规定取得认可之加油站，应于每年一月、四月、七月、十月之月底前提报前一季各月发油量，供地方主管机关备查。未依规定提报者，依第一项规定办理。

（4）加油站依第一项规定进行气油比检测或气漏检测不合格者，应于二十日内完成改善，未能完成改善者，应于期限届满前向地方主管机关申请展延。

（5）加油站加油枪因故停用六个月以上者，复用前应进行气油比检测合格，并向地方主管机关报备，始得使用。

我国香港特别行政区于 1999 年制定的《空气污染管制（油站）（汽体回收）规例》规定，油站必须安装油气回收系统，以回收运油车卸油进地下贮油缸时所释放的 VOCs（第一阶段油气回收系统）。为进一步管制油站释放的 VOCs，香港特区政府于 2004 年修订了上述规例，规定由 2005 年 10 月 31 日起，油站必须安装油气回收系统，以回收车辆加油时释放的 VOCs（第二阶段油气回收系统）。至今，香港地区所有油站均已安装了第一阶段和第二阶段油气回收系统。

3.2 我国油品储运销过程油气排放控制标准简介

我国自 2007 年发布《储油库大气污染物排放标准》（GB 20950—2007）、《汽油运输大气污染物排放标准》（GB 20951—2007）、《加油站大气污染物排放标准》（GB 20952—2007）三项油品储运销排放控制标准以来，各地陆续按照标准开展了油气污染治理设施安装。在油气污染治理设施使用过程中，随着我国大气环境治理重点的转变，原标准中的一些规定已不能适应新的形势需要。因此，环境保护部（现生态环境部）从 2016 年起就组织相关研究机构进行了现状调研、研究讨论和内容修订、国内外标准对比、环境效应分析等，在此基础上，于 2020 年发布了三项标准的修订版本《储油库大气污染物排放标准》（GB 20950—2020）、《油品运输大气污染物排放标准》（GB 20951—2020）、《加油站大气污染物排放标准》（GB 20952—2020），要求新建企业自 2021 年 4 月 1 日起、现有企业自 2023 年 1 月 1 日起、码头对应的储油库自 2024 年 1 月 1 日起开始实施新标准要求。本节重点介绍一下新标准的基本要求，以便读者了解我国油品储运销的基本要求，需要深入了解的读者可以专门寻找相关网站、资料、标准文本进行研究。

3.2.1 《储油库大气污染物排放标准》

《储油库大气污染物排放标准》（GB 20950—2007）存在的问题主要有以下 4 个方面。

一是油品类型不全。《储油库大气污染物排放标准》（GB 20950—2007）规定适用范围仅是汽油储油库。储油库除了储存汽油，还储存原油、航空汽油、航空煤油、石脑油，以及与前述油品挥发性特征类似的循环油、组分油、凝析油、轻质油等，这些油品挥发性较强，也是 VOCs 的重要排放源，欧洲和美国均将它们纳入了管控范围。另外，含醇汽油在储油库发油前进行调配，含醇汽油的发油控制也应纳入管控范围。

二是实施区域不全。《储油库大气污染物排放标准》（GB 20950—2007）的实施区域为全国设市城市及承担设市城市加油站汽油供应的储油库，并未覆盖全国。现行标准未将港口码头等区域的罐区油气回收列入标准适用范围，导致油码头 VOCs 排放未纳入治理和管控范围。

三是控制要求不全。《储油库大气污染物排放标准》（GB 20950—2007）没有收油油气控制要求；储油控制要求仅提出储罐类型及密封方式，未涉及浮顶罐运行、泄漏控制、维护与记录要求；发油控制措施仅涉及向汽车罐车发汽油，不涉及向铁路罐车、油船和管道发油。

四是与其他标准、要求的衔接存在问题。《储油库大气污染物排放标准》（GB 20950—2007）的适用范围包括炼油厂储罐，《石油炼制工业污染物排放标准》（GB 31570—2015）也已提出炼油厂储罐控制要求，但《储油库大气污染物排放标准》（GB 20950—2007）未体现排污许可证申请与核发中关于厂界排放限值的要求。

因此，在《储油库大气污染物排放标准》（GB 20950—2020）中，调整了适用范围为原油、汽油（包括含醇汽油、航空汽油）、航空煤油、石脑油等油品储油库，删除了炼油厂；增加了码头向油船发油控制要求；增加了 VOCs 泄漏控制要求；增加了企业边界排放限值。现将相关要求简要叙述如下。

（1）适用范围

《储油库大气污染物排放标准》（GB 20950—2020）规定了储油库储存、收发油品过程中油气排放控制要求、监测和监督管理要求，适用于现有储油库油气排放管理，以及涉及储油库建设项目的环境影响评价、环境保护设施设计、竣工环境保护验收、排污许可证核发及其投产后的油气排放管理。《储油库大气污染物排放标准》（GB 20950—2020）实施后，现有企业排污许可证规定的内容与新标准不一致的，应在新标准规定生效的时限前变更排污许可证。该标准不适用于生产企业内罐区的油气排放管理。

（2）控制要求

1）收油控制要求

通过汽车罐车收油，应采用密闭泵送或自流式管道系统，收油时从卧式储罐内置换出的油气应密闭回收到汽车罐车内。通过铁路罐车收油，除拆装灌装鹤管之外的时段，收油鹤管与铁路罐车灌装口（人孔）应密闭。从泵站扫仓罐中产生的油气应密闭收集，并送入油气处理装置进行回收处理。通过油船收油，输油臂应与油船输油管线法兰密闭连接，油船油仓保持密闭。通过管道收油，管道应保持密闭。

2）储油控制要求

油品储存方式：储存真实蒸气压＜76.6 kPa 的油品应采用内浮顶罐、外浮顶罐或其他等效措施。储存真实蒸气压≥76.6 kPa 的油品应采用低压罐、压力罐或其他等效措施。

浮顶罐运行要求：内浮顶罐的浮盘与罐壁间应采用浸液式密封、机械式靴式密封等高效密封方式。外浮顶罐的浮盘与罐壁间应采用双重密封，且一次密封采用浸液式密封、机械靴式密封等高效密封方式。浮顶罐罐体应保持完好，不应有孔洞（通气孔除外）和裂隙。浮盘附件的开口（孔），除采样、计量、例行检查、维护和其他正常活动外，应密闭，浮盘边缘密封不应有破损。支柱、导向装置等储罐附件穿过浮盘时，其套筒底端应插入油品中并采取密封措施。除储罐排空作业外，浮盘应始终漂浮于油品的表面。自动通气阀在浮盘处于漂浮状态时应关闭且密封良好，仅在浮盘处于支座支撑状态时可开启。边缘呼吸阀在浮盘处于漂浮状态时应密封良好，并定期检查定压是否符合设定要求。除自动通气阀、边缘呼吸阀外，浮盘外边缘板及所有通过浮盘的开孔接管均应浸入油品液面下。

3）发油控制要求

向汽车罐车发油：向汽车罐车发原油应采用顶部浸没式或底部发油方式，顶部浸没式灌装鹤管出口距离罐底高度应小于 200 mm。向汽车罐车发其他油品应采用底部发油方式。发油时产生的油气应密闭收集，并送入油气处理装置回收处理。底部发油快速接头和油气回收快速接头应采用自封式快速接头。向汽车罐车发油时，油气收集系统应为正压，且压力不应超过 6.0 kPa。底部发油结束并断开快速接头时，油品滴洒量不应超过 10 mL，滴洒量取连续 3 次断开操作的平均值。

向铁路罐车发油：向铁路罐车发油应采用顶部浸没式或底部发油方式，顶部浸没式灌装鹤管出口距离罐底高度应小于 200 mm。发油时产生的油气应密闭收集，并送入油气处理装置回收处理。向铁路罐车发油时，除拆装灌装鹤管之外的时段，灌装鹤管与铁路罐车灌装口（人孔）应密闭。底部发油结束并断开快速接头时，油品滴洒量不应超过 10 mL，滴洒量取连续 3 次断开操作的平均值。

向油船发油：向油船发油应采用顶部浸没式，顶部浸没式发油管出口距离罐底高度应小于 200 mm。具有万吨级及以上油品泊位的码头对应的储油库应密闭收集向《油品运输大气污染物排放标准》（GB 20951—2020）管控的油船发油时产生的油气，送入油气处理装置回收处理。

向管道发油：采用管道方式发油时，管道应保持密闭。

其他规定：油气处理装置排气筒高度不低于 4 m，具体高度及与周围建筑物的距离应根据环境影响评价文件确定，发油时应采用防溢流系统，采用红外摄像方式检测油气收集系统密封点时，不应有油气泄漏。

4）VOCs 泄漏控制要求

企业中载有油品的设备与管线组件及油气收集系统，应按《挥发性有机物无组织排放控制标准》（GB 37822—2019）开展泄漏检测与修复工作。

（3）排放限值

1）发油排放限值

油气处理装置应执行表 3-1 中规定的排放限值，不得稀释排放。

表 3-1　油气处理装置排放限值

污染物项目	排放浓度/（g/m³）	处理效率/%
NMHC	≤25	≥95

2）泄漏排放限值

油气收集系统密封点泄漏检测值不应超过 500 μmol/mol。

3）企业边界排放限值

企业边界任意 1 h NMHC 平均浓度值 4 mg/m³。

（4）污染物监测要求

1）企业应按照有关法律、《企业事业单位环境信息公开办法》（环境保护部令　第 31 号）、《环境监测管理办法》（国家环保总局令　第 31 号）、《排污许可证申请与核发技术规范　储油库、加油站》（HJ 1118—2020）、《排污单位自行监测技术指南　总则》（HJ 819—2017）等规定，依法建立企业监测制度，制定监测方案，对污染物排放状况开展自行监测，保存原始监测记录，并依法公布监测结果。

2）企业应按照环境监测管理规定和技术规范的要求，设计、建设、维护永久性采样口、采样测试平台和排污口标志。

3）在不少于 50%发油鹤管处于发油时段对油气处理装置进口和出口油气进行采样，其中连接油船的油气处理装置应在发油时段中后期进行采样，对于包含吸附工艺的油气处理装置，采样应包括每个吸附塔的工作过程。监测采样按《固定污染源排气中颗粒物测定与气态污染物采样方法》（GB/T 16157—1996）、《固定源废气监测技术规范》（HJ/T 397—2007）、《固定污染源废气　挥发性有机物的采样　气袋法》（HJ 732—2014）及《固定污染源废气总烃、甲烷和非甲烷总烃的测定　气相色谱法》（HJ 38—2017）的规定执行。

4）在发油时段应采用氢火焰离子化检测仪（以甲烷或丙烷为校准气体）对油气收集系统密封点进行检测，其中连接油船的油气收集系统密封点应在发油时段中后期进行检测，监测采样和测定方法按《泄漏和敞开液面中排放的挥发性有机物检测技术导则》（HJ 733—2014）的规定执行。

5）采用氢火焰离子化检测仪（以甲烷或丙烷为校准气体）对设备与管线组件密封点进行检测，监测采样和测定方法按《泄漏和敞开液面中排放的挥发性有机物检测技术导则》（HJ 733—2014）的规定执行。

6）企业边界 NMHC 的监测采样和测定方法按《大气污染物无组织排放监测技术导则》（HJ/T 55—2000）和《环境空气总烃、甲烷和非甲烷总烃的测定 直接进样-气相色谱法》（HJ 604—2017）的规定执行，监测采样不应在向铁路罐车收发油时进行。

（5）实施与监督

1）新建企业自 2021 年 4 月 1 日实施。现有储油库企业自 2023 年 1 月 1 日实施，码头对应的储油库自 2024 年 1 月 1 日实施。

2）企业是实施排放标准的责任主体，应采取必要措施，达到《储油库大气污染物排放标准》（GB 20950—2020）规定的污染物排放控制要求。

3）对于有组织排放，采用手工监测时，按照监测规范要求测得的任意 1 h 平均浓度值超过或处理效率低于《储油库大气污染物排放标准》（GB 20950—2020）中表 1 规定的限值，判定为超标。

4）对于油气收集系统密封点的泄漏检测，按照检测规范要求现场测得的泄漏检测值超过《储油库大气污染物排放标准》（GB 20950—2020）中 5.2 规定的限值，判定为超标。

5）对于企业边界，采用手工监测时，按照监测规范要求测得的任意 1 h 平均浓度值超过《储油库大气污染物排放标准》（GB 20950—2020）中 5.3 规定的限值，判定为超标。

6）企业未遵守《储油库大气污染物排放标准》（GB 20950—2020）规定的措施性控制要求，构成违法行为的，将依照法律法规等有关规定予以处理。

3.2.2 《油品运输大气污染物排放标准》

原《汽油运输大气污染物排放标准》（GB 20951—2007）存在的问题主要有以下 3 个方面。

一是油品类型不全。现行标准规定的适用范围仅是汽油运输过程。但油品运输工具不仅运输汽油，还运输原油、航空汽油、航空煤油、石脑油，以及与前述油品挥发性特征类似的循环油、组分油、凝析油、轻质油等，这些油品挥发性较强，也是 VOCs 的重要排放源，欧洲和美国均将其纳入了管控范围。另外，储油库还会将现场调配的含醇汽油装入油品运输工具进行运输，因此含醇汽油运输也应纳入管控范围。

二是实施区域不全。现行标准的实施区域为全国设市城市及承担设市城市汽油运输的油罐汽车，并未实现全覆盖。现行标准管控的运输工具仅为油罐车（包括汽车罐车和铁路罐车），缺乏对原油及成品油油船的管控。

三是控制要求不全。现行标准缺乏油船排放控制要求，缺少油船设置密闭油气收集系统、惰性气体系统等规定，以确保将油船发油油气安全地进行回收。现行标准缺乏有关泄漏的控制要求，无法进行定量监测和管控。

因此，在 2020 年修订 GB 20951—2007 时，调整了适用范围为原油、汽油（包括含醇汽油、航空汽油）、航空煤油、石脑油等油品运输过程；将《汽油运输大气污染物排放标准》更名为《油品运输大气污染物排放标准》；增加了油船控制要求等。现将该新标准的有关要求简述如下。

（1）适用范围

《油品运输大气污染物排放标准》（GB 20951—2020）规定了油品运输过程中油气排放控制要求、监测和监督管理要求，适用于现有油品运输工具的油气排放管理，以及新生产、进口、销售和新投入使用的油品运输工具的登记及其使用后的油气排放管理。

（2）控制要求

1）油罐车排放控制

汽车罐车应具备底部装卸油系统和油气回收系统。汽车罐车底部装卸油系统公称直径应为 100 mm，底部装卸油系统包括卸油阀、紧急切断阀、呼吸阀、防溢流系统及连接管线等。汽车罐车油气回收系统公称直径应为 100 mm，油气回收系统能够将储油库向汽车罐车发油时产生的油气密闭输入油气处理装置，能够将卸油时产生的油气密闭输入汽车罐车油罐内，能够保证运输过程中油品和油气不泄漏，不得随意排放汽车罐车油罐内的油气。采取有效措施减少因操作、维修和管理等方面原因发生的油品与油气泄漏。汽车罐车油气回收耦合阀、底部装卸油密封式快速接头应集中放置在管路箱内。多仓汽车罐车应将各仓油气回收管路在罐顶并联后进入管路箱。铁路罐车应符合《铁道货车通用技术条件》（GB/T 5600—2018）的技术规定，并采取相应措施减少运输过程中的油气排放。采用红外摄像方式检测运输工具油气密封点时，不应有油气泄漏。

2）油船排放控制

油船应设置密闭油气收集系统和惰性气体系统。油船油气收集系统应将向油船发油时产生的油气密闭输入油气处理装置。油船应在每个油仓设置独立的透气管线，每个透气管出口应安装一个真空压力阀。油船运输过程中应保证油品和油气不泄漏。油船应采用封闭式液位监测系统测量油仓液位高度、油气压力和温度。采用红外摄像方式检测运输工具油气密封点时，不应有油气泄漏。

（3）排放限值

1）密闭性限值

汽车罐车油气回收系统密闭性执行表 3-2 规定的限值。

表 3-2　汽车罐车油气回收系统密闭性限值

单仓罐或多仓罐单个油仓的容积 V/L	油气回收系统压力变动限值/kPa	油气回收阀压力变动限值/kPa
$V \geq 9\,500$	≤0.25	
$9\,500 > V \geq 5\,500$	≤0.38	≤1.30
$5\,500 > V \geq 3\,800$	≤0.50	
$V < 3\,800$	≤0.65	

2）泄漏排放限值

运输工具油气密封点泄漏排放限值不应超过 500 μmol/mol。

（4）污染物监测要求

1）运输工具所属企业应按照有关法律、《企业事业单位环境信息公开办法》、《环境监测管理办法》和《排污单位自行监测技术指南　总则》（HJ 819—2017）等规定，依法建立企业自行监测制度，制订监测方案，每年至少对汽车罐车油气回收系统密闭性、运输工具油气密封点开展 2 次自行监测，2 次监测时间间隔大于 3 个月，保存原始监测记录，并依法公布监测结果，密闭性检测方法见《油品运输大气污染物排放标准》（GB 20951—2020）附录 A。

2）汽车罐车生产企业应委托具有检测资质的机构对汽车罐车油气回收系统密闭性进行检测，密闭性检测方法见《油品运输大气污染物排放标准》（GB 20951—2020）附录 A，将检验结果向社会进行公开，公开内容见《油品运输大气污染物排放标准》（GB 20951—2020）附录 B。

3）采用氢火焰离子化检测仪（以甲烷或丙烷为校准气体）对运输工具油气密封点进行检测，监测采样和测定方法按《泄漏和敞开液面排放的挥发性有机物检测技术导则》（HJ 733—2014）的规定执行。

（5）标准的实施

1）铁路罐车、现有汽车罐车和新投入使用的油船（150 总吨及以上）自 2021 年 4

月 1 日实施。新生产、进口、销售和注册登记的汽车罐车自 2021 年 7 月 1 日实施。现有 8 000 总吨及以上的油船自 2024 年 1 月 1 日后实施。

2）企业是实施排放标准的责任主体，应采取必要措施，以达到本标准规定的污染物排放控制要求。

3）对于汽车罐车油气回收系统密闭性的检测，按照检测规范要求现场测得的密闭性检测值超过本标准规定的限值，判定为超标。

4）对于运输工具油气密封点的泄漏检测，按照检测规范要求现场测得的泄漏检测值超过本标准规定的限值，判定为超标。

5）企业未遵守本标准规定的措施性控制要求，构成违法行为的，依照法律法规等有关规定予以处理。

（6）汽车罐车油气回收系统密闭性检测方法［见《油品运输大气污染物排放标准》（GB 20951—2020）附录 A］

1）检测原理和概要

采用充压或抽真空的方式，检测油气回收系统对压力的保持程度。检测时对罐体充气或抽真空达到一定的压力，然后与压力源隔离，记录 5 min 后的压力变动值并与控制限值比较是否达标。

2）检测条件

汽车罐车应停靠在一个不受阳光直接照射的位置接受检测，罐内不能存有残油。

3）检测设备

氮气加压系统，可以将罐体加压至 7 kPa；低压调节器，用于控制高压气源压力，分度值≤20 kPa；压力表，测量范围为 -6～6 kPa，最大允许误差≤±2.5%FS，分度值≤30 Pa；油气管线检测接头，检测接头上装有可连接加压和抽真空软管的截止阀，检测接头还应与压力表连接；真空泵，可以将罐体抽真空至 -2.5 kPa；加压和抽真空软管，内径为 6～10 mm，能够承受检测压力；泄压阀，串联在管线中，能在压力达到 7 kPa 和 -2.5 kPa 时自动开启。

4）检测程序

对汽车罐车油气回收系统的相关部件进行检查，具体如下。

油气回收系统密闭性检测（正加压）：向单仓汽车罐车或多仓汽车罐车的第一个油仓内充压至 4.5 kPa，5 min 后记录的压力变动值应小于等于表 3-2 规定的限值，具体检测应按照以下要求进行：①开启和关闭罐体顶盖；②将静电接地接头连接至罐体；③将检测接头与汽车罐车油气回收耦合阀连接；④将截止阀与泄压阀、加压和抽真空软管连接，将压力源与软管连接；⑤缓慢增加压力，将单仓汽车罐车或多仓汽车罐车的第一个油仓加压至4.5 kPa；⑥关闭截止阀，让压力稳定，如压力不稳定，调节压力使其保持在4.5 kPa，开始计时；⑦5 min 后，记录剩余压力；⑧计算压力变动值，即初始压力（4.5 kPa）减去剩余压力，并与该标准表 3-2 规定的限值比较；⑨如果汽车罐车的多个油仓不互相连通，按照上述程序对每个油仓进行检测。

油气回收系统密闭性检测（负加压）：对单仓汽车罐车或多仓汽车罐车的第一个油仓抽真空至-1.5 kPa，5 min 后记录的压力变动值应小于等于表 3-2 规定的限值，具体检测应按照以下要求进行：①将真空泵与加压和抽真空软管连接；②缓慢将单仓汽车罐车或多仓汽车罐车的第一个油仓抽真空至-1.5 kPa；③关闭截止阀，让压力稳定，如压力不稳定，调节压力使其保持在-1.5 kPa，开始计时；④5 min 后，记录剩余压力；⑤计算压力变动值，即剩余压力减去初始压力（-1.5 kPa），并与表 3-2 规定的限值比较；⑥如果汽车罐车的多个油仓不互相连通，按照上述程序对每个油仓进行检测。

油气回收阀密闭性检测（正加压）：向单仓汽车罐车或多仓汽车罐车的第一个油仓内充压至 4.5 kPa，关闭汽车罐车油气回收阀，打开泄压阀，再关闭泄压阀，5 min 后记录的压力变动值应小于等于表 3-2 中规定的限值，具体检测应按照以下要求进行：①将压力源与加压和抽真空软管连接；②缓慢增加压力，将单仓汽车罐车或多仓汽车罐车的第一个油仓加压至 4.5 kPa；③关闭截止阀，让压力稳定。如压力不稳定，调节压力使其保持在 4.5 kPa；④关闭单仓或多仓汽车罐车第一个油仓的油气回收阀，将油气回收管线与油仓隔离；⑤打开泄压阀，将油气回收管线内的压力减至大气压；⑥关闭泄压阀，开始计时，5 min 后，记录油气回收管线内的剩余压力；⑦计算压力变动值，即剩余压力减去初始压力（0 kPa），并与表 3-2 规定的限值比较；⑧如果汽车罐车的多个油仓不互相连通，按照上述程序对每个油仓进行检测。

3.2.3 《加油站大气污染物排放标准》

《加油站大气污染物排放标准》（GB 20952—2007）存在的问题主要有以下四个方面。

一是适用范围涵盖不全。《加油站大气污染物排放标准》（GB 20952—2007）规定的适用范围是汽油加油站。2017 年经国务院批准，国家发展改革委、国家能源局等 15 部委

（局）联合印发了《关于扩大生物燃料乙醇生产和推广使用车用乙醇汽油的实施方案》（发改能源〔2017〕1508 号），决定全面推广使用车用乙醇汽油，到 2020 年除军队特需、国家和特种储备、工业生产用油外，全国基本实现全覆盖，此外陕西、山西、浙江、河南等省份也出台了地方标准，试点供应车用甲醇汽油。因此有必要根据实际情况对该标准的适用范围进行调整。

二是部分在线监测系统要求难以操作。《加油站大气污染物排放标准》（GB 20952—2007）中的在线监测系统密闭性、管线液阻等监测要求，国内外仪器制造企业普遍反应难以实现；缺少在线监测系统设备组件性能指标要求，压力监测设备、流量监测设备、浓度监测设备等均未提出量程、精度具体性能指标。因此有必要对在线监控系统的技术要求进行充实完善。

三是油气处理装置的安装必要性争议较大。在加油站污染防治实践过程中，中石油、中石化、中海油及部分地方生态环境管理部门认为，加油站油气污染控制的主要方案是密闭回收，将油气通过油罐车带回储油库，储油库油气回收装置在处理规模、处理能力和能耗上明显优于加油站油气回收处理装置；加油站后处理装置管理不好实际上相当于排放口，有额外排放风险。因此有必要对油气处理装置的安装要求根据情况调整。

四是监测难度大，实施效果不乐观。原标准中规定的压力、液阻、气液比等监测指标与常规污染物浓度监测区别较大，测试过程需要专业防爆操作和辅件，有一定危险性。除部分重点区域外，执法力度普遍不足，导致标准实施效果大打折扣。2020 年生态环境部组织的夏季 O_3 污染防治调研和第一轮监督帮扶中，调研的 254 座加油站中超过 80% 的加油站油气回收系统运行存在问题，其中 60% 以上的加油站检测指标不合格，20% 左右的加油站有较为严重的油气泄漏现象。

因此，在《加油站大气污染物排放标准》（GB 20952—2020）中，调整了适用范围为汽油（包括含醇汽油）；增加了加油站对油气回收系统检查维护和大气污染物排放相关指标监测的要求；增加了加油站油气回收系统油气泄漏浓度的限值要求；增加了加油站企业边界油气浓度限值要求；增加了卸油油气排放控制操作规程；增加了加油站油气排放控制与车载加油油气回收系统兼容的要求；增加了其附录 B 中对非连通埋地油罐密闭性检测要求；增加了其附录 C 中对一个真空泵带多条加油枪气液比检测的要求；增加了资料性附录 E 油气回收在线监测系统技术要求；修改了油气回收系统技术评估的具体要求；修改了在线监测系统预报预警条件，删除了通过数据能够分析油气回收系统的密闭性、油气回收管线的液阻的要求；修改了油气处理装置停止运行的压力感应建议值；修改了原标准附录 E 中在线监测系统压力和气液比校核方法，变更为附录 F；删除了其附录 D 中对油气处理装置排放浓度检测应在环境温度不低于 20℃进行的要求。以下对《加油站大气污染物排放标准》（GB 20952—2020）的要求进行简要叙述。

（1）适用范围

《加油站大气污染物排放标准》（GB 20952—2020）规定了加油站在汽油（包括含醇汽油）卸油、储存、加油过程中油气排放控制要求、监测和监督管理要求，适用于现有加油站汽油（包括含醇汽油）油气排放管理，以及新建、改建、扩建加油站项目的环境影响评价、设计、竣工验收，排污许可证核发及其建成后的油气排放管理。《加油站大气污染物排放标准》（GB 20952—2020）实施后，现有企业排污许可证规定的内容与新标准不一致的，应在新标准规定生效的时限前变更排污许可证。

（2）油气排放控制要求

1）基本要求

加油站卸油、储油和加油时排放的油气，应采用以密闭收集为基础的油气回收方法进行控制。加油站应建立油气回收施工图纸、油气回收系统测试校核、系统参数设置等技术档案，制定加油站油气回收系统管理、操作规程，定期进行检查、维护、维修并记录留档。加油站应按照环境监测管理规定和技术规范的要求，设计、建设、维护采样口或采样测试平台。油气回收系统、油气处理装置、在线监测系统应采用标准化连接。在进行包括加油油气排放控制在内的油气回收设计和施工时，应将在线监测系统、油气处理装置等设备管线预先埋设。

2）卸油油气排放控制

应采用浸没式卸油方式，卸油管出油口距罐底高度应小于 200 mm。卸油和油气回收接口应安装公称直径为 100 mm 的截流阀（或密封式快速接头）和帽盖，现有加油站已采取卸油油气排放控制措施但接口尺寸不符的可采用变径连接。连接软管应采用公称直径为 100 mm 的密封式快速接头与卸油车连接。所有油气管线排放口应按《汽车加油加气加氢站技术标准》（GB 50156—2021）的要求设置真空压力阀，如设有阀门，阀门应保持常开状态；未安装真空压力阀的汽油排放管应保持常闭状态。连接排气管的地下管线应坡向油罐，坡度不应小于 1%，管线公称直径不小于 50 mm。卸油时应保证卸油油气回收系统密闭。卸油前卸油软管和油气回收软管应与油罐汽车和埋地油罐紧密连接，然后开启油气回收管路阀门，再开启卸油管路阀门进行卸油作业。卸油后应先关闭与卸油软管及油气回收软管相关的阀门，再断开卸油软管和油气回收软管。

3）储油油气排放控制

所有影响储油油气密闭性的部件，包括油气管线和所连接的法兰、阀门、快接头以及其他相关部件在正常工作状况下应保持密闭，油气泄漏浓度满足《加油站大气污染物排放标准》（GB 20952—2020）油气回收系统密闭点位限值要求。采用红外摄像方式检测油气回收系统密闭点位时，不应有油气泄漏。埋地油罐应采用电子式液位计进行汽油密闭测量。应采用符合《汽车加油加气加氢站技术标准》（GB 50156—2021）相关规定的溢油控制措施。

4）加油油气排放控制

加油所产生的油气应采用真空辅助方式密闭收集。油气回收管线应坡向油罐，坡度不应小于 1%，受地形限制无法满足坡度要求的可设置集液器，集液器的凝结液应能密闭回收至低标号的汽油罐中。加油软管应配备拉断截止阀，加油时应防止溢油和滴油。当辖区内采用 ORVR 的轻型汽车达到汽车保有量的 20%后，油气回收系统、在线监测系统应兼容《轻型汽车污染物排放限值及测量方法（中国第六阶段）》（GB 18352.6—2016）要求的轻型车 ORVR 系统。新建、改建、扩建的加油站在油气管线覆土、地面硬化施工前，应向管线内注入 10 L 汽油并检测液阻。

5）在线监测系统

在线监测系统应能监测每条加油枪气液比和油气回收系统压力，具备至少储存 1 年数据、远距离传输、预警、告警功能。在线监测系统监测功能、技术要求和预报警条件等见《加油站大气污染物排放标准》（GB 20952—2020）附录 E。在线监控系统可在卸油口附近、加油机内/外（加油区）、人工量油井、油气处理装置排放口等处安装浓度传感器监测油气泄漏浓度。在线监测系统可在卸油区附近、人工量油井、加油区等重点区域安装视频监测用高清摄像头，连续对卸油操作、手工量油、加油操作等进行视频录像并存储。可整合利用加油站现有视频设备，视频资料应保存 3 个月以上以备生态环境部门监督检查，并预留接入环保管理平台的条件。在线监测系统应能监测油气处理装置进出口的压力、油气温度（冷凝法）、实时运行情况和运行时间等。

6）油气处理装置

油气处理装置启动运行的压力感应值宜设在 150 Pa，停止运行的压力感应值宜设在

0～50 Pa，或根据加油站情况自行调整。油气处理装置排气口距地平面高度不应小于 4 m，具体高度以及与周围建筑物的距离应根据环境影响评价文件确定，排气口应设阻火器。油气处理装置回油管横向地下油罐的坡度不应小于 1%。油气处理装置在卸油期间应保持正常运行状态。

（3）排放限值

1）加油油气回收管线液阻检测值应小于表 3-3 规定的最大压力限值。

表 3-3　加油站油气回收管线液阻最大压力限值

通入氮气流量/（L/min）	最大压力/Pa
18	40
28	90
38	155

2）油气回收系统密闭性压力检测值应大于等于《加油站大气污染物排放标准》（GB 20952—2020）中表 2 规定的最小剩余压力限值。

3）各种加油油气回收系统的气液比均应在大于等于 1.0 和小于等于 1.2 范围内。

4）油气处理装置的油气排放浓度 1 h 平均浓度值应小于等于 25 g/m^3。

5）采用氢火焰离子化检测仪（以甲烷或丙烷为校准气体）检测油气回收系统密闭点位，油气泄漏检测值应小于等于 500 μmol/mol。

6）加油站企业边界油气浓度无组织排放限值应满足表 3-4 要求。

表 3-4　油气浓度无组织排放限值

污染物项目	排放限值/（mg/m^3）	限值含义	无组织排放监控位置
非甲烷总烃	4.0	监控点处 1 h 平均浓度值	参照 HJ/T 55—2000 规定

（4）大气污染物监测

1）加油站应按照有关法律、《企业事业单位环境信息公开办法》、《环境监测管理办法》、《排污许可证申请与核发技术规范　储油库、加油站》（HJ 1118—2020）、《排污单位自行监测技术指南　总则》（HJ 819—2017）等规定，依法建立企业监测制度，制定监测方案，对大气污染物排放状况开展自行监测，保存原始监测记录，并依法公布监测结果。

2）液阻监测检测方法见《加油站大气污染物排放标准》（GB 20952—2020）中的附录 A。

3）油气回收系统密闭性压力监测检测方法见《加油站大气污染物排放标准》（GB 20952—2020）中的附录 B。

4）加油油气回收系统的气液比监测检测方法见《加油站大气污染物排放标准》（GB 20952—2020）中的附录 C。

5）油气处理装置排放浓度监测检测方法见《加油站大气污染物排放标准》（GB 20952—2020）中的附录 D。

6）在线监测系统应每年至少校准检测 1 次，校核方法见《加油站大气污染物排放标准》（GB 20952—2020）中的附录 F。

7）油气回收系统密闭点位油气泄漏监测采样和测定方法按《泄漏和敞开液面排放的挥发性有机物检测技术导则》（HJ 733—2014）的规定执行，监测频次与液阻、密闭性和气液比监测要求相同。

8）加油站企业边界油气浓度无组织排放监测采样和测定按《大气污染物无组织排放监测技术导则》（HJ/T 55—2000）和《环境空气　总烃、甲烷和非甲烷总烃的测定　直接进样-气相色谱法》（HJ 604—2017）的规定执行，监测频次与液阻、密闭性和气液比监测要求相同。

9）加油站大气污染物监测应按照《固定污染源监测质量保证与质量控制技术规范（试行）》（HJ/T 373—2007）的要求进行质量保证和质量控制。

（5）实施和监督

1）2021 年 4 月 1 日起，执行《加油站大气污染物排放标准》（GB 20952—2020）卸油油气排放控制要求。

2）2021 年 4 月 1 日起，新建加油站执行《加油站大气污染物排放标准》（GB 20952—2020）储油、加油油气排放控制要求；2022 年 1 月 1 日起，现有加油站执行《加油站大气污染物排放标准》（GB 20952—2020）储油、加油油气排放控制要求。

3）2022 年 1 月 1 日起，依法被确定为重点排污单位的加油站应安装在线监测系统。

4）省级生态环境主管部门根据加油站规模、年汽油销售量、加油站对周边环境影响、加油站 VOCs 控制要求自行确定油气处理装置的安装范围。

5）油气处理装置排放浓度、油气回收系统密闭点位油气泄漏和加油站企业边界油气浓度检测，按照监测规范要求现场测得的检测值超过《加油站大气污染物排放标准》（GB 20952—2020）规定的限值，判定为超标。

6）现场测得的任意加油枪气液比满足表 3-5 条件判定为超标。在加油站数量较大或 O_3 超标严重、VOCs 污染防控压力较大的地市，可由省级生态环境主管部门确定本省域范围更为严格的判定条件，或禁止气液比超标情况出现，任意一条加油枪气液比不合格即可直接判定为超标。

表 3-5　加油枪气液比超标判定条件

加油站在用汽油枪总数	最少抽测基数/条	气液比不合格枪数/条
≤6	全检	≥1
6＜加油枪数≤10	6	≥1
10＜加油枪数≤15	8	≥2
15＜加油枪数≤20	10	≥2
＞20	12	≥3

7）《加油站大气污染物排放标准》（GB 20952—2020）由各级生态环境主管部门监督实施。

3.2.4　码头油气回收建设和运维相关标准

2017 年，交通运输部发布了《码头油气回收设施建设技术规范（试行）》（JTS 196-12—2017）（以下简称《规范》）。2023 年 3 月，交通运输部通过调研和专题研究，总结我国码头油气回收处理设施设计、施工、检验、验收和运维的经验，广泛征求行业内外的意见和建议，借鉴国外码头油气回收处理设施建设标准及先进经验，又发布了《规范》的修订稿（征求意见稿）。《规范》共分为 7 章和 1 个附录，并附条文说明。《规范》的内容包括总则、术语、基本规定、设计、施工、调试、运行和维护。本次修订的主要内容包括：①变更了适用范围，将原油和汽油、石脑油、航空煤油、溶剂油、芳烃等或类似性质石油化工品的装船油气回收设施变更为码头船舶装载过程中相应温度下的真实蒸气压大于 5.2 kPa（A）的挥发性有机物料的装船油气回收处理设施；②增加了油气处理装置和化学法处理工艺，明确了油气处理装置的防火间距；③优化了油气回收处理设施的处理能力设计方法，要求能力设计应适应油气排放量和浓度的变化，宜通过实测确定；④增加了码头油气回收设施与船舶相关设施对接的技术要求；⑤加强了设施的安全设计，包括安全设备及控制系统的配置要求。

2020 年，为配合码头油气回收的实施，交通运输部还发布了推荐性行业标准《船舶油气回收安全技术要求》（JT/T 1346—2020），规定了船舶油气回收安全技术要求，包括一般要求、设备设施基本要求、操作要求、人员培训要求等内容。具体要求包括 4 个方面。①一般要求：规定了从事油气回收作业的船舶应具备的基本条件，即船舶应具备与 JTS 196-12—2017 配套的油气回收作业条件，并满足《钢质海船入级规范》的相关要求。另外规定了作业人员、制度和应急措施、油气回收作业相关文件制定等其他一般要求。②设备设施基本要求：管路方面，规定了船舶管路的总体要求及阀门、管道标识、法兰和软管的要求；测量方面，规定了液位测量系统、固定式氧含量测量装置、移动式气体探测设备、测量仪器备件及校准等要求；溢出报警方面，规定了溢出报警系统的设置和功能要求；超压和真空保护方面，规定了货油舱透气系统的压力释放能力、真空压力阀、2 个及以上货油舱共用 1 套船上油气收集系统时的附加措施等要求。③操作要求：按作业前、作业中和作业后 3 个阶段提出船舶油气回收操作安全技术要求。作业前，规定了船岸安全检查表、装船和压载作业准备、各系统及安全装置的定期试验和作业前检查等要求。作业中，规定了货油装船速率、货油舱油气压力、作业中禁止开舱测量与隔离、船岸通信等要求。作业后，规定了惰气扫线及盲断、拆管顺序等要求。④人员培训要求：规定船舶油气回收作业相关的装船作业负责人、船员、中控人员、现场操作人员、安全员等相关人员，应接受油气回收设施的操作和安全培训。培训应涵盖已安装在受训人员所在的作业船舶或码头上的特定油气回收设施，并进行实操训练或示范。

为与已颁布实施的《码头油气回收设施建设技术规范（试行）》（JTS 196-12—2017）接轨，符合国际国内保护船舶、码头和油气回收系统设施安全的功能要求，交通运输部发布了《码头油气回收船岸安全装置》（JT/T 1333—2020），并自 2020 年 11 月 1 日起施行。该标准的主要内容有 5 个方面。①码头油气回收船岸安全装置的构成。规定了码头油气回收船岸安全装置的构成，包括管道、手动切断阀、止回装置、惰化调节阀、压力传感器、高速透气/真空阀或真空压力阀、电动卸载阀、电动切断阀、气液分离器、含氧量传感器、阻爆轰型阻火器、气体流量计、防爆控制箱、控制系统等，即保障作业安全的监测手段和安全措施，具备检测、报警功能，设计了排放管路，防止含氧量超爆炸极限的油气上岸。②码头油气回收船岸安全装置的选型。规定了船岸安全装置主管道进气端和出气端法兰公称直径的设计选型依据，与码头装船流量相匹配，与装置前段（进气端）输气臂或输气软管及装置末端（出气端）码头输气管路规格一致，为我国 500～15 万及以上吨级规模码头的油气回收船岸安全装置选型提供依据。③码头油气回收船岸安全装置的技术要求。对码头油气回收船岸安全装置的仪器设备构成进行了详细的技术要求，以满足安全监测和控制功能要求，同时控制系统设计了"船舶溢流保护""氧含量超标控制""惰化控制""超压/超真空控制""火灾、爆炸和爆炸保护控制""故障停机安全控制"等油气作业安全防护等风险控制功能，与我国油船安全管理要求相符合。④码头油气回收船岸安全装置的实验方法。规定了材料、部件质量和连接检验、气液分离器液位试验、耐压试验、压力/真空试验、泄漏试验、装置总压降试验、控制系统模拟试验、电气绝缘性能试验等试验方法，以保证装置的安全和质量，以及功能的符合性等。⑤码头油气回收船岸安全装置的检验规则，以及设备的标志、包装、运输与储存。规定了装置的出厂检验和型式检验 2 种产品检验的检验规则，为保证装置质量提供检验依据。同时规定了设备的标志、包装、运输与储存要求，统一了装置设备的标志，保障了设备装运储存的安全。对相关标准的详细介绍有兴趣的读者可以参见相关标准或更为详细的研究资料。

3.3 油品储运销过程 VOCs 防控目前存在的问题和建议

调研表明，除了标准中规定的港口码头、油品运输船舶油气污染治理工作正在逐步推进，我国（除港澳台）大部分的陆地储油库、加油站和汽油运输罐车均已按照要求完成了油气回收设施的安装。下一阶段油品储运销过程 VOCs 污染治理的重点将转移到油气污染治理设施日常运行状况的监管上来。但从部分省（区、市）的调研情况来看，油气污染治理设施的运行情况并不理想。主要存在以下几个方面的问题。

（1）油气污染治理设施建设不规范

我国油品储运销过程的油气污染治理设施安装时间较早，缺少经验支撑，在早期的油气污染治理设施建设、安装过程中，由于对标准要求了解不透彻、对相关设备缺乏深入的了解，造成油气回收设施建设不满足要求。如《加油站大气污染物排放标准》的"卸油阶段的油气排放控制技术要求"中要求，"卸油口"和"油气回收接口"应安装 DN 100 mm 的截流阀（或密封式快速接头）和帽盖，现有加油站已采取卸油油气排放控制措施但接口尺寸不符的可采用变径连接。现场调研时发现，有的加油站卸油口和油气回收接口的尺寸偏小，仅为 DN 80 mm 或 DN 50 mm 的接口，也没有采用变径连接装置；有的卸油口和油气回收接口下面的连接管上未安装截流阀；有的加油站在加油机内部安装油气回收管时，未考虑将来密闭性检测等要求，导致检测空间非常局限，甚至无法按照标准要求进行检测；有的加油站油气回收管线上设置了集液井，但集液井未进行密闭回收，部分冷凝的汽油重新挥发了油气到大气中；有的加油站未安装标准要求安装的油气处理装置或在线监测系统；有的加油站在建设油气回收系统时，考虑到加油机内部空间和经济等因素，选择了集中式的油气回收系统，但未充分考虑集中式所需的真空泵能力、管线布置等对加油枪气液比限值的影响，在多枪操作时容易发生加油枪气液比不满足标准要求的情况；部分储油库进行油气回收建设时，未按照油品的属性和蒸气压要求匹配合适的储罐，标准要求采用底部装油方式进行油罐车装油，对暂时未进行改造的设置一定的过渡期，但调研发现，过渡期后部分储油库仍保留了部分上装发油的平台和发油鹤管（未封死）等。这些都在一定程度上影响了油气回收的效果。企业应在发现问题后及时制订改造计划，及时处理问题，建设满足标准要求的油气回收系统工程。

（2）油气污染治理设施日常运行不理想

调研发现，由于部分油品储运销企业不了解油气回收的意义或油气污染治理设施日常运行的要求，导致设施不正常运行的情况时有发生。例如，加油站在日常运行油气回收设施时，由于担心加油、卸油不顺畅而故意打开油气回收系统的各种接口、管路，破坏了油气回收系统的密闭性，导致卸油、加油过程中收集的油气被排放；部分加油站企业在卸油时不按照标准要求连接油气回收管路，或者不按照正确顺序操作卸油管和油气回收管的阀门，导致油气泄漏；有的加油站在日常运行时，故意打开油气回收口的阀门、盖帽或汽油储罐排放管检测口处的阀门；有的加油站企业在卸油后未按照标准要求采用电子液位仪进行量油，仍采用打开人井盖和手工采用油标尺进行量油，导致油气回收系统的密闭性被破坏，油气被人为排放；有的加油枪集气罩已经损毁严重但仍不更换，影响了汽车油箱中逸散油气的收集效果；加油机内部的油气回收管接头"跑冒滴漏"现象较为严重，加油站内部有非常明显的油气味道，甚至滴油现象；有的企业未建立油气回收系统日常运行的检查、维护、维修制度，对真空压力阀已关闭不严、真空泵失效等问题未能及时发现和处理，导致油气回收系统的密闭性、加油枪的气液比等长期不满足标准要求；部分油罐车业主在油罐车油气回收设施建设完成后未进行正常年检和日常检查维护，油罐车上装口密闭不严现象较为严重，油气管路密封点油气泄漏情况较为普遍，导致在运输过程中就将收集的油气泄漏了出去；部分储油库油气处理装置进口浓度偏高，油气处理效率低，部分甚至存在旁路直排；部分储罐密闭性较差，罐体上的呼吸阀、量油孔、清扫孔、泡沫发生器、观察窗等部位 VOCs 泄漏严重。

（3）企业缺少油气污染治理设施日常维护的技能和手段

调研发现，相关企业普遍欠缺专业人才，缺乏对油气回收治理设施日常运行与维护的知识和技能，对油气污染治理设施日常维护检查的环节、节点不明确，对相关零部件检测的技术、手段不了解，未能及时发现问题，导致油气治理设施带"病"运行、"假装"的工作情况较为普遍；部分企业缺少便携式现场检测技术能力，未建设专门的检测队伍，目前的检查方式通常以查看设施是否运行和记录检查为主，无法识别油气回收系统是否正常工作；部分已建成的加油站在线监测系统尚未联网，运行情况、监控情况不到位，对监控发现的问题也未能及时处理；部分企业寄希望于第三方检测机构，但第三方检测机构的检测能力参差不齐，部分企业的委托检测流于形式，导致油气治理设施的监督效果大打折扣。

（4）油气污染治理设施的环保监管能力较弱

由于我国加油站分布量多面广，储油库普遍设在城市边缘较为偏僻的地方，油罐车流动性强，工作时间、地点较难掌握，油气排放泄漏点众多等原因，油品储运销过程的 VOCs 排放监管成为我国环保监管的难点问题之一。调研表明，全国从事油品储运销过程油气污染治理设施监管的人员普遍不足，难以满足辖区内众多加油站等油气污染治理设施监管的需要。即使在大型、经济发达的地市，在市级层面也只有 1～3 人从事全市油气污染监管工作，下属的辖区往往无专门从事油气污染监管的人员。在一般的地级城市及以下，环保执法的监管力量更加薄弱，有的地方仅有 1 人从事移动源污染防治工作，且往往还要兼顾机动车年检、路检路查、非道路移动源编码登记、环保管理及各种政策的贯彻、实施等，很少有精力和时间开展专门的油气污染监管工作。由于人员的缺乏，各地只能通过要求企业进行年度检测、加强自我检测频次等方式促进加油站油气回收设施的达标运行，但地方尚不掌握企业自检的技术。同时，有的环保部门还反映油气回收第三方检测机构鱼龙混杂，仅单次年检对促进油气回收系统正常运行的效果各地还需进一步调研。

针对以上问题，笔者认为可以从以下 4 个方面进行问题梳理和能力建设，逐步加强企业、相关行政主管部门和社会大众对油品储运销过程 VOCs 污染治理的认识，使我国的油气污染治理工作迈上一个新台阶。

（1）建立健全污染治理设施日常维护保养制度

严格落实储油库、加油站和油罐车企业的主体责任，全面建立油气污染治理设施日常维护检查和保养制度，加大对企业员工专业知识和技能的培训，正确、规范操作油气回收系统并做好日常使用维护记录。油气排放量大的加油站、储油库等应按要求安装油气在线监测系统，并与生态环境部门进行联网。鼓励企业在储油库、加油站周边建设 VOCs 监测微站等与生态环境部门联网监管。

（2）利用"组合拳"提高环保监管效率

各级生态环境部门应建立油品储运销电子台账，需要实现在线监控的，优先建立在线监管平台，对联网进行数据传输的加油站、储油库进行实时监督。对有条件的地区，应配备便携式 VOCs 浓度检测仪对油气污染治理设施展开监管。逐步将储油库、加油站纳入污染源排污许可管理体系，实施排污申报登记、排污审核、核发排污许可证、证后监督管理、年度复审等管理制度，促进企业自觉维护保养油气污染治理设施。

（3）加大治理和监测技术研发，依靠科技手段开展监管

油品储运销过程的油气回收治理和监管仍是目前面临的困难和挑战。下一步应加大投入，开展油品（包括汽油、原油、乙醇汽油、石脑油等）油气蒸发控制和 VOCs 减排技术、设备的研发。同时应加强油气监测能力，一是要在强化在线监控要求的同时研发一批适用性强、灵敏度高、性价比高的在线监控技术/设备，二是要加强对便携式污染物浓度、密闭性等检测设备和技术的研发，强化环保监管科技支撑手段。

（4）加大公众宣传，鼓励公众参与

大力宣传油气的危害、对环境健康的影响，以及油气污染防治方式、方法，通过采用鼓励政策、优惠措施等手段，推动油品企业建立夜间装卸油机制，引导车主早晚时段加油，促进公众主动参与油品储运销过程的 VOCs 减排行动，形成企业为主、政府引导监督、全民参与的油气污染防治良好局面。

第4章

油气回收和污染治理设施环保管理

油气回收和污染治理设施的正常运行是保证油品储运销过程 VOCs 排放能否达标的关键。无论是油品储运销过程 VOCs 排放的相关排放标准（如 GB 20950—2020、GB 20951—2020 和 GB 20952—2020 等），还是相关排放管理规定（如储油库、加油站企业排污管理规定、自行监测管理规定等），都对所涉及的油气污染治理设施提出了严格的运维管控要求。本章结合相关标准和环保管理要求，从所要求的环节、内容，以及检测/监测频次等方面对所涉及的油气回收系统和污染治理设施的环保监管要求进行了梳理。

4.1 国家标准对油气回收和污染治理设施的检查维护要求

4.1.1 储油库油气回收治理系统定期维护检查要点

《储油库大气污染物排放标准》（GB 20950—2020）中对储油库油气回收系统和污染治理设施的运维管理包括总体要求和对储罐、油气回收管线及载有油品的设备与管线组件、油气处理装置等部分的要求，现简要介绍如下。

（1）总体要求

储油库应按照环境监测管理规定和技术规范的要求设计、建设、维护永久性采样口、采样测试平台和排污口标志并按相关法规要求进行采样，油气收集系统密封点、油气处理装置和油气回收管线，以及载有油品的设备与管线组件的排放检测频次和要求应按照许可管理的规定进行（如下节介绍所示）。

（2）储罐

储罐维护与记录：在每个停工检修期对内浮顶罐的完好情况进行检查。发现有不符合要求的，应在该停工检修期内完成修复；若延迟修复，应将相关方案报生态环境主管部门确定。外浮顶罐不符合规定的，应在 90 天内完成修复或排空储罐停止使用；若延迟修复或排空储罐，应将相关方案报生态环境主管部门确定。在储罐维护检修的同时应编制检查与修复记录。

储罐日常维护保养状况：罐体应保持完好，不应有孔洞、缝隙，浮顶边缘密封不应有破损。储罐附件开口（孔），除采样、计量、例行检查、维护和其他正常活动外应密闭。除储罐排空作业外，浮盘应始终漂浮于储存物料的表面，浮盘上所有可开启设施在非需要开启时都应保持不漏气状态。

（3）油气回收管线及载有油品的设备与管线组件、油气处理装置等

按照《挥发性有机物无组织排放控制标准》（GB 37822—2019）的要求，设备与管线组件初次启用或经维修后，应在 90 天内进行泄漏检测。对设备与管线组件的密封点每周进行目视观察，检查其密封处是否出现可见泄漏现象。泵、压缩机、搅拌器（机）、阀门、开口阀或开口管线、泄压设备、取样连接系统至少每 6 个月检测 1 次。法兰及其他连接件、其他密封设备至少每 12 个月检测 1 次。对于直接排放的泄压设备，在非泄压状态下进行泄漏检测。直接排放的泄压设备泄压后，应在泄压之日起 5 个工作日内，对泄压设备进行泄漏检测。

（4）油气回收、处理装置相关

应记录油气处理装置每次运行时的气体流量、系统压力、发油量等参数，油气处理装置的相关运行参数等，以及油气收集系统和油气回收、处理装置的日常检修事项等。

鼓励储油库符合安全要求的油气连续监测系统与生态环境部门的监控中心联网，实现油气收集、处理装置运行、处理相关参数的实时传输。

4.1.2　油品运输工具油气回收系统运行维护检查要点

油品运输工具油气回收系统的日常维护检查主要是对油气收集系统、罐体、阀门等的密封性能进行检查，运输工具所属企业应建立油品运输工具油气回收系统定期检测制度，包括对油气回收系统的密闭性检测、油气回收管线气动阀门的密闭性检测等，以及按《泄漏和敞开液面排放的挥发性有机物检测技术导则》（HJ 733—2014）的规定对油罐

汽车油气回收耦合阀、铁路罐车人孔盖、船舶泄漏点等处的 VOCs 泄漏进行检测，限值不应超过 500 μmol/mol，每年应至少监测 2 次，监测的时间间隔大于 3 个月。

4.1.3 加油站油气回收系统运行维护检查要点

（1）总体要求

加油站应建立油气回收施工图纸、油气回收系统测试校核、系统参数设置等技术档案，制定加油站油气回收系统管理、操作规程，定期进行检查、维护、维修并记录留档。加油站应按照环境监测管理规定和技术规范的要求，设计、建设、维护采样口或采样测试平台。

加油站应建立油气回收系统设备日常检查制度和定期维护监测制度，对所涉及的油气回收型加油枪，以及附件、真空泵、真空压力阀、油气管线泄漏情况等进行检查和维护并做好维修记录和定期监测（按照相关规定进行）。检查加油站日常运行是否有汽油、油气"跑冒滴漏"现象发生，是否有相关预防措施。

（2）卸油阶段

加油站应建立油气回收系统定期运行检查维护制度，卸油阶段重点检查卸油时是否连接了油气回收管及操作是否满足标准要求（通过查看卸油记录和时间回看卸油过程录像），卸油时油气处理装置是否正常开启运行等。

（3）储油阶段

在非卸油阶段，查看卸油口、油气回收口、量油口、真空压力阀及相关管路是否有漏气现象、人井内的油气浓度是否偏高等。

（4）加油站阶段

在加油站阶段检查加油枪是否正常工作，有无密封罩、密封罩是否完好、加油站人员在加油时是否将密封罩紧密贴在汽油油箱加油口、油气回收真空泵是否运行、加油机内是否有油品滴漏及明显的油气逸散等。

（5）油气处理装置及在线监测系统

检查油气回收装置（若有）是否正常通电工作、各项运行指标是否在正常范围内等，检查油气回收在线监测系统（若有）记录和存储的各项指标是否正常，显示异常后加油站是否及时进行了设备停用或维修，是否定期进行了零部件标定等。对于使用了一次性吸附剂、需定期更换处理部件的油气处理装置，记录一次性吸附剂和处理部件的更换时间或频率、更换量、处理处置情况等。

4.1.4　码头油气回收系统运行维护检查要点

2023 年 9 月，交通运输部发布了《码头油气回收处理设施建设技术规范》（JTS/T 196-12—2023），根据码头油气回收处理设施的建设、运维经验，提出了更加明确细致的运维条件和要求。现将该标准中所提及的要求介绍如下。

码头油气回收处理设施在投入运行时应具备下列条件：①应制定油气回收处理设施的操作规程、人员防护和应急处置指导文件。②操作人员应具备专业操作能力和维护管理能力，可根据指导文件开展应急处置。③个人防护及安全设施配置应满足运行需求。④油气回收处理设施应调试合格且通过工程验收。

码头油气回收处理设施运行前，应按照现行行业标准《船舶油气回收安全技术要求》（JT/T 1346—2020）的有关要求进行船岸间的联合检查，确定设施满足运行条件后方能开启。检查内容应符合下列规定：①油气回收处理设施完成吹扫，阻火器、过滤器和气液分离器完成清理。②油气回收处理设施完成惰性气体置换，惰性气体供应系统完好。③所有电气设备处于正常待机状态，且供电系统完好。④油气收集系统与船舶货物蒸气管汇接口连接正常，并完成密闭测试。⑤检查油气输送管道状况、压力、含氧量、温度等初始参数和安全监测参数正常。⑥码头、罐区装船泵房、船舶通信信号正常。

油气回收处理设施的运行应适应于工程设计规定的油气物料，设计规定外的物料不得引入装置进行回收处理。油气回收处理设施的油气处理量不得超出装置设计处理能力。油气回收处理设施应对运行参数、报警及联锁数据进行记录与存储。在进行码头油气回收处理作业过程中，应保持船舱密闭。

在日常运行中，油气回收处理设施应按照操作规程的要求进行日常维护和定期检查。油气回收处理设施在使用过程中发生故障、异常情况，使用单位应查明原因。对故障、异常情况，检查、定期检验中发现的安全隐患及其他可能影响系统运行安全的情况采取有效处理措施。消除隐患后，方可重新投入使用。压力容器、压力管道、安全阀等特种设备应建立安全技术档案，并按照相应安全技术监察规程的要求进行维护和定期检验。需要年度检验或标定的仪表、安全阀等应按规定送法定检验单位进行定期年检。使用单位应根据工况制定油气回收装置和油气处理装置的尾气检测要求，尾气排放浓度大于规定的排放限值时应及时停止作业并进行维修。

应制定详细的操作规程和开机作业前检查联查制度，每次运行前进行设施的系统检查和船方自检并交换核查信息，检查内容包括：①管道是否完成惰性气体扫管处置，惰性气体系统备用完好；②所有设施是否处于正常待机，电气供应系统是否完好；③船舶货舱油气输送管路与码头输气臂或输气软管管线是否正确连通；④检测的船舱油气输送管路状况、压力、含氧量、温度等初始参数和安全监测参数是否正常；⑤船岸装油、油气输出作业通信信号是否正常；⑥油气回收设施的控制与码头装船控制系统衔接是否完好；⑦油气回收系统是否运行适应的油气品种，油气回收设施是否超载运行。

4.2 储油库、加油站排放自行监测

《中华人民共和国环境保护法》第四十二条明确提出：重点排污单位应当按照国家有关规定和监测规范安装使用监测设备，保证监测设备正常运行，保存原始监测记录；第五十五条要求：重点排污单位应当如实向社会公开其主要污染物的名称、排放方式、排放浓度和总量、超标排放情况，以及防治污染设施的建设和运行情况，接受社会监督。重点排污单位开展排污状况自行监测是法定的责任和义务。《储油库大气污染物排放标准》（GB 20950—2020）和《加油站大气污染物排放标准》（GB 20952—2020）也提出储油库、加油站企业要开展自行监测的要求。2022 年，生态环境部又发布了《排污单位自行监测技术指南 储油库、加油站》（HJ 1249—2020），用以指导企业自行开展监测。该标准包括 4 个方面内容：一是一般要求，即制定监测方案、设置和维护监测设施、开展自行监测、做好监测质量保证与质量控制、记录保存和公开监测数据的基本要求；二是监测方案制定，包括监测点位、监测指标、监测频次、监测技术、采样方法、监测分析方法的确定原则和方法；三是监测质量保证与质量控制，从监测机构，人员，出具数据所需仪器设备，监测辅助设施和实验室环境，监测方法技术能力验证，监测活动质量控制与质量保证等方面的全过程质量控制；四是信息记录和报告要求，包括监测信息记录、信息报告、应急报告、信息公开等内容。下面对储油库、加油站企业开展自行监测的方案、信息记录内容等进行重点介绍。

4.2.1　废物排放监测

（1）有组织废气排放监测

对于多个污染源或生产设备共用 1 个排气筒的，监测点位可设在共用排气筒上。当执行不同排放控制要求的废气共用 1 个排气筒排放时，应在废气混合前进行监测；若监测点位只能布设在混合后的排气筒上，则监测指标应涵盖所对应污染源或生产设备的监测指标，最低监测频次应按照最严格的规定执行。对处理效率有要求的有机废气处理装置应分别在其废气进口及排放口设置监测点位。

储油库、加油站排污单位有组织废气排放的监测点位、监测指标及最低监测频次见表 4-1。

表 4-1　有组织废气排放的监测点位、监测指标及最低监测频次

类型	监测点位	监测指标	监测频次	
			重点排污单位	非重点排污单位
储油库	油气处理装置废气进口及排放口	非甲烷总烃	月	
	污水处理设施有机废气收集处理装置排气筒	非甲烷总烃	季度	半年
加油站	油气处理装置排气筒	非甲烷总烃	半年	年

注：应按照相应分析方法、技术规范同步监测烟气参数。

储油库油气处理装置废气进口及排放口的废气采样应在不少于 50%发油鹤管处于发油时段中后期进行，连接油船的油气处理装置废气进口及排放口废气采样应在发油时段中后期进行，对于包含吸附工艺的油气处理装置，采样应包括每个吸附塔的工作过程。

（2）无组织废气排放监测

储油库、加油站排污单位无组织废气排放的监测点位设置应遵循《排污单位自行监测技术指南　总则》（HJ 819—2017）中的原则，其排放监测点位、监测指标及最低监测频次见表 4-2。

表 4-2 无组织废气排放的监测点位、监测指标及最低监测频次

类型	监测点位	监测指标	监测频次	
			重点排污单位	非重点排污单位
储油库	企业边界	非甲烷总烃、硫化氢 ª	半年	年
	油气收集系统密封点	泄漏检测值	半年	年
	泵、压缩机、搅拌器（机）、阀门、开口阀或开口管线、泄压设备、取样连接系统 ᵇ	泄漏检测值	半年	
	法兰及其他连接件、其他密封设备 ᵇ	泄漏检测值	年	
	罐车底部发油快速接头泄漏点	油品滴洒量 ᶜ	月	
加油站	企业边界	非甲烷总烃	半年	年
	油气回收系统密闭单位	泄漏检测值	半年	年

注：①应同步监测气象参数。
②泄漏检测值的监测方法按照 HJ 73—2001、GB 20950—2020、GB 20952—2020 中的规定执行。
③油气泄漏检测可同步采用红外摄像方式辅助进行。
ª 适用于储存介质为凝析油、燃料油的情况。
ᵇ 储油库中载有气态 VOCs 物料、液态 VOCs 物料的设备与管线组件，密封点数量大于等于 2 000 个的，应开展泄漏检测。满足 GB 37822—2019 中豁免条件的，可免予泄漏检测。
ᶜ 油品滴洒量的测定应在罐车底部发油结束断开快速接头时开展，取连续 3 次断开操作的平均值。

储油库企业边界废气监测采样不应在向铁路罐车发油时进行。油库油气收集系统密封点的泄漏检测应在发油时段进行，其中连接油船的油气收集系统密封点的泄漏检测应在发油时段中后期进行。

（3）废水排放监测

储油库废水排放的监测点位、监测指标及最低监测频次见表 4-3。

表 4-3 废水排放监测点位、监测指标及最低监测频次

监测点位	监测指标	监测频次	
		直接排放	间接排放
废水总排放口	流量、化学需氧量、氨氮	月	季度
	pH、悬浮物、石油类	季度	半年
	总有机碳、挥发酚 ª、总氰化物 ª	半年	年
生活污水排放口	流量、pH、化学需氧量、氨氮、悬浮物	半年	—
雨水排放口	化学需氧量、石油类	季度 ᵇ	

注：ª 适用于有切水作业的原油储库。
ᵇ 有流动水排放时按季度监测，如监测一年无异常情况，可放宽至每年开展 1 次监测。

4.2.2　加油站油气污染治理设施运行指标监测

（1）油气回收系统

加油站油气回收系统的监测点位、监测指标及最低监测频次见表 4-4，监测指标的检测方法执行《加油站大气污染物排放标准》（GB 20952—2020）中附录 A～附录 C 的要求。

表 4-4　加油站油气回收系统的监测点位、监测指标及最低监测频次

监测点位	监测指标	监测频次	
		重点排污单位	非重点排污单位
油气回收立管	液阻	半年	年
	密闭性	半年	年
加油枪	气液比	半年	年

（2）在线监测系统

加油站在线监测系统应能够监测每条加油枪的气液比和油气回收系统的压力，具备至少储存 1 年数据、远距离传输及预警、告警功能。在线监测系统的监测功能、技术要求和预报警条件等执行《加油站大气污染物排放标准》（GB 20952—2020）中附录 E 的要求。加油站在线监测系统应每年至少校准检测 1 次，校准检测方法参见《加油站大气污染物排放标准》（GB 20952—2020）中的附录 F。

4.2.3　厂界环境噪声监测

储油库排污单位厂界环境噪声监测点位设置应遵循《排污单位自行监测技术指南总则》（HJ 819—2017）中规定的原则，主要考虑各类压缩机、泵、调压阀、节流阀等噪声源在场站内的分布情况和周边噪声敏感建筑物的位置。储油库排污单位厂界环境噪声每季度至少开展 1 次昼、夜间噪声监测，监测指标为等效连续 A 声级。夜间有频发、偶发噪声影响时，同时测量频发、偶发最大声级。夜间不生产的可不开展夜间噪声监测，周边有噪声敏感建筑物的，应提高监测频次。

4.2.4　周边环境质量影响监测

法律法规等有明确要求的应按要求开展周边环境质量影响监测。无明确要求的，若排污单位认为有必要的，可根据实际情况参照表 4-5 对周边环境空气、地表水、海水、地下水和土壤开展监测，监测点位可按照《环境空气质量手工监测技术规范》（HJ 194—2017）、《环境空气　挥发性有机物的测定　吸附管采样-热脱附/气相色谱-质谱法》（HJ 664—2013）、《地表水环境质量监测技术规范》（HJ 91.2—2022）、《近岸海域环境监测技术规范　第八部分　直排海污染源及对近岸海域　水环境影响监测》（HJ 442.8—2020）、《环境影响评价技术导则　地下水环境》（HJ 610—2016）、《地下水环境监测技术规范》（HJ 164—2020）、《环境影响评价技术导则　土壤环境（试行）》（HJ 964—2018）、《土壤环境监测技术规范》（HJ/T 166—2004）中的相关规定设置。

表 4-5　周边环境质量影响监测指标及最低监测频次

类别	监测指标	监测频次
环境空气	非甲烷总烃、硫化氢 [a]	半年
地表水	pH、化学需氧量、氨氮、悬浮物、石油类、总有机碳、挥发酚 [b]、总氰化物 [b]	季度
海水	pH、化学需氧量、氨氮、悬浮物、石油类、总有机碳、挥发酚 [b]、总氰化物 [b]	半年
地下水 [c]	石油类、石油烃（$C_6 \sim C_9$）、石油烃（$C_6 \sim C_{40}$）、甲基叔丁基醚 [d]	半年
土壤 [e]	石油类、石油烃（$C_6 \sim C_9$）、石油烃（$C_6 \sim C_{40}$）、甲基叔丁基醚 [d]	年

注：[a] 适用于储存介质为凝析油时的情况。

　　[b] 适用于有切水作业的原油储库。

　　[c] 当监测指标出现异常时，可按照 HJ 164—2020 附录 F 中的石油生产销售区特征项目开展监测。

　　[d] 适用于汽油储库、加油站。

　　[e] 当监测指标出现异常时，可按照 GB 36600—2018 表 1 中的污染物项目开展监测。

4.2.5　其他监测要求

排污许可证、所执行的污染物排放（控制）标准、环境影响评价文件及其批复［仅限 2015 年 1 月 1 日（含）后取得环境影响评价批复的排污单位］、相关生态环境管理规定明确要求的污染物指标也应纳入监测指标范围，并参照表 4-1～表 4-3 和《排污单位自行监测技术指南　总则》（HJ 819—2017）确定的监测频次进行监测。

排污单位根据生产过程的原辅用料、生产工艺、中间及最终产品类型、监测结果确定实际排放的，在有毒有害污染物名录或优先控制化学品名录中的污染物指标，或其他有毒污染物指标也应纳入监测指标范围，并参照表 4-1～表 4-3 和《排污单位自行监测技术指南　总则》（HJ 819—2017）确定的监测频次进行监测。

重点排污单位应当依法依规安装使用自动监测设备，非重点排污单位不作强制性要求，相应点位、指标的监测频次参照《排污单位自行监测技术指南　储油库、加油站》（HJ 1249—2020）确定。各指标的监测频次在满足该标准的基础上，可根据《排污单位自行监测技术指南　总则》（HJ 819—2017）中确定的原则提高监测频次。采样方法、监测分析方法、监测质量保证与质量控制等按照《排污单位自行监测技术指南　总则》（HJ 819—2017）、《加油站大气污染物排放标准》（GB 20952—2020）执行。监测方案的描述、变更按照《排污单位自行监测技术指南　总则》（HJ 819—2017）执行。

4.2.6　信息记录和报告

手工监测记录和自动监测运维记录按照《排污单位自行监测技术指南　总则》（HJ 819—2017）执行，可参考《加油站大气污染物排放标准》（GB 20952—2020）中的附录 G、《排污许可证申请与核发技术规范　储油库、加油站》（HJ 1118—2020）中的附录 D 和附录 G 进行记录。排污单位对自动监测数据的真实性、准确性负责，发现数据传输异常应及时报告，并参照国家标准规范或自动监测数据异常标记规定执行。

生产、污染治理设施运行状况的信息记录要求如下。

（1）生产运行状况记录

储油库应记录挥发性有机液体储存和挥发性有机液体状态运行参数。储罐的运行状态应按照排污单位生产班次记录，每班记录 1 次。储罐发油量应按照一个收油周期进行记录，周期小于 1 天的按照 1 天记录。装载设施运行记录应按照排污单位装载次数进行记录，每个装载周期内记录 1 次。

加油站记录内容包括加油过程中的油品种类和销售量等，以及卸油过程的卸油时间、油品种类、油品来源、卸油方式、卸油量等。每季度记录 1 次。

（2）废水、废气污染治理设施运行状况记录

储油库应按照设施类别分别记录设施的实际运行相关参数和运维记录。其中，有组织废气治理设施应记录运行时间、运行参数等；无组织废气排放控制应记录措施执行情

况，包括储罐、动静密封点、装卸的维护、保养、检查等的运行管理状况；废水处理设施应记录每日进水水量、出水水量、药剂名称和使用量、投放频次、电耗、污泥产生量等；污染治理设施运维记录应包括设施是否正常运行、故障原因、维护过程、检查人、检查日期和班次等。储油库污染治理设施运行状况按照班次记录，每班次 1 次。废气无组织排放控制按月记录，每月 1 次。药剂添加情况：若是采用批次投放的，按照投放批次记录，每投放批次记录 1 次；若采用的是连续加药方式，每班次记录 1 次。其他信息记录频次按照实际情况或工况进行记录。

加油站应按照设施类别分别记录设施的实际运行相关参数和运维记录。其中，有组织废气治理设施应记录运行时间、运行参数等；无组织废气排放控制应记录措施执行情况，包括储罐、加油枪的维护、保养、检查等运行管理情况及放空阀开关情况；污染治理设施运维记录应包括设施是否正常运行，故障原因、维护过程、检查人、检查日期及班次等，正常情况下每季度记录 1 次，若设施出现异常情况，按照工况期进行记录，每工况期记录 1 次。

（3）噪声污染治理设施运行状况记录

记录噪声污染治理设施日常巡检、故障及维护或更换状况等。

（4）固体废物记录

参照《排污许可证申请与核发技术规范　工业固体废物（试行）》（HJ 1200—2021）的要求记录固体废物的相关信息，主要包括废塑料、废金属、灰渣、含油废液、废机油、废水处理装置离子交换树脂、废化学试剂、含油泥污等。可能产生的危险废物按照《国家危险废物名录》或危险废物鉴别标准和鉴别方法认定。

（5）其他

排污单位应如实记录手工监测期间的工况（包括生产负荷、污染治理设施运行情况等），确保监测数据具有代表性。自动监测期间的工况标记应按照国家标准规范和相关行业工况标记规则执行。《排污单位自行监测技术指南　储油库、加油站》（HJ 1249—2020）未规定的内容应按照《排污单位自行监测技术指南　总则》（HJ 819—2017）的规定执行。

（6）信息报告、应急报告及信息公开应按照《排污单位自行监测技术指南　总则》（HJ 819—2017）的规定执行。

4.3　储油库、加油站排污许可管理规定

2016 年 11 月，国务院发布《国务院办公厅关于印发控制污染物排放许可制实施方案的通知》（国办发〔2016〕81 号），我国正式开始实施污染物排放许可制度。为配合该项制度的实施，2018 年，环境保护部发布了《排污许可管理办法（试行）》（环境保护部令　第 48 号），规定了排污许可证核发程序等内容，细化了环保部门、排污单位和第三方机构的法律责任。作为落实《国务院办公厅关于印发控制污染物排放许可制实施方案的通知》（国办发〔2016〕81 号）、实施排污许可制度的重要基础性文件。2020 年，生态环境部发布了《排污许可证申请与核发技术规范　储油库、加油站》（HJ 1118—2020），用以支撑储油库、加油站的排污许可证发放工作。储油库排污单位污染物的排放主要以储存、装卸过程和动静密封点泄漏的 VOCs 为主；加油站排污单位污染物的排放主要以汽油加油、储油过程排放的 VOCs 为主。围绕重点管控 VOCs 的核心，《排污许可证申请与核发技术规范　储油库、加油站》（HJ 1118—2020）规定了储油库、加油站排污单位排污许可证申请与核发的基本情况填报要求、许可排放限值确定、实际排放量核算和合规判定的方法，以及自行监测、环境管理台账和排污许可证执行报告等环境管理要求。

2021 年 1 月，《排污许可管理条例》（国务院令　第 736 号）发布。《排污许可管理条例》要求，依照法律规定实行排污许可管理的企业事业单位和其他生产经营者（以下称排污单位），应依照本条例规定申请取得排污许可证；未取得排污许可证的，不得排放污染物。实行排污许可管理的排污单位范围、实施步骤和管理类别名录，由国务院生态环境主管部门拟订并报国务院批准后公布实施；排污单位应向其生产经营场所所在地设区的市级以上地方人民政府生态环境主管部门（以下称审批部门）申请取得排污许可证。排污单位有 2 个以上生产经营场所排放污染物的，应按照生产经营场所分别申请取得排污许可证。

4.3.1　储油库排放许可要求

4.3.1.1　基本情况填报要求

排污单位应按照《排污许可证申请与核发技术规范　储油库、加油站》（HJ 1118—2020）的要求，在全国排污许可证管理信息平台的申报系统填报相应信息。填报系统未包括的、

地方生态环境主管部门有规定需要填报或排污单位认为需要填报的，可自行增加内容。设区的市级以上地方生态环境主管部门可根据环境保护地方性法规，增加需要在排污许可证中载明的内容，并填入全国排污许可证管理信息平台申报系统中"有核发权的地方生态环境主管部门增加的管理内容"一栏。

排污单位基本情况填报：排污单位基本信息包括单位名称、许可证管理类别、邮政编码、行业类别、是否投产及投产日期、生产经营场所经纬度、所在地是否属于环境敏感区（如大气重点控制区、总磷和总氮控制区）、是否位于工业园区及所属工业园区名称、环境影响评价批复文号（备案编号）、地方政府对违规项目的认定或备案文件文号、主要污染物总量控制指标分配计划文件文号、VOCs 总量指标、其他污染物总量指标（如有）等。在填报选择行业类别时，选择《国民经济行业分类》（GB/T 4754—2017）中的 G 5941 油气仓储。

主要产品及产能填报要求：

①基本信息：填报主体工程、生产设施、设施参数、生产设施编号、物料名称及其他。

②主体工程：储油库排污单位主体工程分为储罐区、装卸区和公辅设施。填报设计库容（万 m^3）、储罐数量、装载鹤位数量、VOCs 流经的设备与管线组件密封点数量、污水处理设施规模，具体见表 4-6。

表 4-6　储油库排污单位主体工程信息表

主体工程		设施参数	计量单位
储罐区	设计库容	规模	万 m^3
	储罐	数量	个
装卸区	装载鹤位	数量	个
VOCs 流经的设备与管线组件密封点		数量	个
公辅设施	污水处理设施	规模	m^3/h

③生产设施和设施参数：VOCs 流经的设备与管线组件密封点（数量≥2 000）类型及数量，具体见 HJ 1118—2020 附录 A 中的表 A.1。挥发性有机液体储罐罐型、公称容积、内径、罐体高度、储存物料名称、物料储存温度和设计年周转量（无设计年周转量的按照近三年实际周转量的平均值进行填报）等，具体见 HJ 1118—2020 附录 A 中的表 A.2，

详细参数可选填附录 A 中的表 A.3～表 A.5。挥发性有机液体装载设施参数包括装载物料名称、设计年装载量、装载温度和装载形式（火车/汽车/轮船/驳船），具体见 HJ 1118—2020 附录 A 中的表 A.6。

④生产设施编号：排污单位可填报内部生产设施编号，若排污单位无内部生产设施编号，则根据《排污单位编码规则》（HJ 608—2017）进行编号并填报。

⑤物料名称：填写主要物料名称，包括原油、汽油、乙醇汽油、煤油、柴油、生物柴油、燃料油、石脑油、蜡油、渣油等。

⑥主要辅料：填报废水处理和废气治理过程中添加的辅料。辅料中有毒有害物质成分及占比为必填。填写主要辅料名称，包括活性炭、催化剂等。填报设计年使用量，无设计年使用量的按照近三年实际使用量平均值进行填报。

⑦排污单位其他需要说明的内容。

4.3.1.2 产排污节点、污染物项目及污染物治理设施

废气产排污节点、污染物项目及污染治理设施填报包括产排污环节、污染物项目、排放形式、污染治理设施及工艺、是否为可行技术、污染治理设施参数、污染治理设施及排放口编号、排放口设置是否规范及排放口类型等。废水产排污节点、污染物项目及污染治理设施包括废水类别、污染物项目、废水去向、污染治理设施及工艺、是否为可行技术、污染治理设施参数、排放方式、排放去向及排放规律、污染治理设施及排放口编号、排放口设置是否规范及排放口类型等。

（1）废气排放情况填报要求

产排污环节、污染物项目及污染治理设施：产排污环节、污染物项目、排放形式、污染治理设施填报内容见表 4-7，表中未列明的内容由排污单位自行填报。污染物项目依据《恶臭污染物排放标准》（GB 14544—93）、《大气污染物排放标准》（GB 16297—1996）、《储油库大气污染物排放标准》（GB 20950—2020）、《挥发性有机物无组织排放控制标准》（GB 37822—2019）确定。地方污染物排放标准有更严格要求的，从其规定。

污染治理设施参数：包括参数名称、设计值和计量单位，其中必填参数包括废气排放量、污染物排放浓度（表 4-7）、处理效率、运行时间等。需要填报污染治理设施详细参数时，可参照《排污许可证申请与核发技术规范　石化工业》（HJ 853—2017）中的附录 C 选填。

表 4-7 储油库排污单位废气产排污节点、污染物及污染治理设施

生产设施	产污环节	污染物项目	排放形式	污染物治理设施	污染物治理工艺	是否为可行技术	排放口类型	执行标准
挥发性有机液体储罐	储罐挥发	VOCs	有组织	油气回收	吸附、吸收、冷凝、膜分离、热力焚烧、催化燃烧或组合技术	□是 □否 如采用不属于"污染防治可行技术"中的技术，应提供相关证明材料	主要排放口	GB 20950—2020/GB 37822—2019
			无组织	浮顶罐+密封、气相平衡系统	高效密封、双重密封+高效密封、气相平衡		—	GB 37822—2019
挥发性有机液体装载	装载挥发	VOCs	有组织	汽油回收	吸附、吸收、冷凝、膜分离、热力焚烧、催化燃烧或组合技术		主要排放口	GB 20950—2020/GB 37822—2019
			无组织	—	—		—	GB 37822—2019
VOCs设备与管线组件密封点	密封点泄漏	VOCs	无组织	泄漏检测与修复	—		—	GB 37822—2019
污水处理设施	逸散	VOCs	有组织	有机废气收集处理装置	油气回收或燃烧净化		一般排放口	GB 37822—2019
			无组织	—	—			GB 37822—2019
企业边界		VOCs	无组织	—	—	—	—	GB 16297—1996
		硫化氢 [a]	无组织	—	—	—	—	GB 14554—93

注: [a] 当储存物料为凝析油时，需管控硫化氢。

污染治理设施、排放口编号：污染治理设施编号可填报排污单位内部编号。若排污单位无内部编号，则根据《排污单位编码规则》（HJ 608—2017）进行编号并填报。排放口编号可填报地方生态环境主管部门现有编号或根据《排污单位编码规则》（HJ 608—2017）进行编号并填报。

是否为可行技术，按照 HJ 1118—2020 的 4.3 节填报。

排放口类型：排污单位的废气排放口分为主要排放口和一般排放口。挥发性有机液体储罐和挥发性有机液体装载的有组织废气排放口为主要排放口，其他为一般排放口。

排放口设置：根据排污单位执行的排放标准中有关排放口规范化设置的规定以及《排污口规范化整治技术要求（试行）》（环监〔1996〕470 号），填报排放口设置是否符合规范化要求。

（2）废水排放情况填报要求

废水类别、污染物项目及污染治理设施具体见表 4-8。污染物项目为《污水综合排放标准》（GB 8978—1996）中的各污染物项目。行业污染物排放标准发布后，从其规定。地方污染物排放标准有更严格要求的，从其规定。

表 4-8　储油库排污单位废水类别、污染物项目及污染治理设施

废水类别	废水去向	污染物项目	污染治理设施及工艺	是否为可行技术	排放去向	排放口类型	执行标准
生产废水、污染雨水	厂内污水处理设施/废水总排口/回用	pH、化学需氧量、悬浮物、氨氮、石油类、总有机碳、挥发酚ᵃ、总氰化物ᵃ	预处理：隔油、气浮、混凝、吸附、调节 生化处理：活性污泥法、生物膜法 深度处理：过滤	□是 □否 如采用不属于"污染防治可行技术"中的技术，应提供相关证明材料	环境水体/公共污水处理设施/其他	一般排放口	GB 8978—1996
生活污水ᵇ	厂内污水处理设施/废水总排口/回用	pH、化学需氧量、悬浮物、氨氮	预处理：隔油、气浮、混凝、吸附、调节 生化处理：活性污泥法、生物膜法 深度处理：过滤			一般排放口	

注：ᵃ 有切水作业的原油储库需管控挥发酚和总氰化物。
　　ᵇ 单独排入城镇集中污水处理设施的生活污水仅说明去向。

污染治理设施参数：包括参数名称、设计值和计量单位，其中必填参数包括废水排放量、运行时间等。需要填报污染治理设施详细参数时，可参照《排污许可证申请与核发规范　石化工业》（HJ 853—2017）中的附录 C 选填。

排放方式、排放去向及排放规律：排放方式包括直接排放和间接排放。排放去向包括直接进入海域，直接进入江、河、湖、库，进入城市下水道（再入江、河、湖、库），

进入城市下水道（再入沿海海域），进入城市污水处理厂，进入工业废水集中处理厂，进入其他单位，不外排等。排放规律包括连续排放和间断排放，具体参见《废水排放规律代码（试行）》（HJ 521—2009）。

污染治理设施、排放口编号：污染治理设施编号可填报排污单位内部编号。若排污单位无内部编号，则根据《排污单位编码规则》（HJ 608—2017）进行编号并填报。排放口编号可填报地方生态环境主管部门现有编号或根据《排污单位编码规则》（HJ 608—2017）进行编号并填报。

排放口类型：废水排放口为一般排放口。

排放口设置：根据排污单位执行的排放标准中有关排放口规范化设置的规定，以及《排污口规范化整治技术要求（试行）》（环监〔1996〕470 号），填报排放口设置是否符合规范化要求。

（3）图件制作要求

厂区平面布置图：给出厂区平面布置图，图中应标明主要生产设施名称、位置、有组织废气排放口、废水排放口、雨水排放口位置。

全厂雨水和污水管线走向图：分别给出厂区雨水、污水集输管线走向及排放去向等。

生产工艺总流程图：给出全厂工艺流程图，图中应标明主要生产设施等。

4.3.1.3 产排污节点对应排放口及许可排放限值

（1）产排污节点对应排放口填报要求

废气：废气排放口应填报排放口地理坐标、排气筒高度、国家或地方污染物排放标准限值及承诺更加严格的排放限值。

废水：废水直接排放口应填报排放口地理坐标、排放规律、对应入河排污口名称及编码、受纳自然水体信息、汇入受纳自然水体处的地理坐标及执行的国家或地方污染物排放标准；废水间接排放口应填报排放口地理坐标、排放规律、受纳污水处理厂信息及执行的国家或地方污染物排放标准，单独排入城镇污水集中处理设施的生活污水仅说明去向。间歇式排放废水的应当载明排放污染物的时段。

雨水：雨水排放口主要填报排放口编号、排放口地理坐标、排放去向、受纳水体名称与水质目标，以及汇入受纳自然水体处的地理坐标。雨水排放口编号填报排污单位内部编号，如无内部编号，则采用"YS+三位流水号数字"（如 YS001）进行编号并填报。

（2）许可排放限值填报要求

一般原则：许可排放限值包括污染物许可排放浓度和许可排放量。许可排放量包括年许可排放量和特殊时段许可排放量。年许可排放量是指允许排污单位连续 12 个月污染物排放的最大量。有核发权的地方生态环境主管部门可根据环境管理规定细化许可排放量的核算周期。有组织废气主要排放口应明确污染物许可排放浓度和规定污染物年许可排放量，一般排放口应明确污染物许可排放浓度；无组织排放源应明确企业边界污染物许可排放浓度，挥发性有机液体常压储罐应明确无组织排放的 VOCs 年许可排放量。

废水一般排放口应明确污染物许可排放浓度，许可排放量原则上不做要求。根据国家或地方污染物排放标准确定许可排放浓度。依据依法分解落实到本单位的重点污染物排放总量控制指标及本标准规定的方法从严确定许可排放量，2015 年 1 月 1 日（含）后取得环境影响文件批复的排污单位，许可排放量还应同时满足环境影响评价文件和批复要求。排污单位应在全国排污许可证管理信息平台中写明申请的许可排放量计算过程。排污单位承诺执行更加严格的排放浓度，应在排污许可证副本中载明。

废气许可排放浓度：以产排污节点对应的生产设施或排放口为单位，明确各排放口的各项大气污染物许可排放浓度。汽油油气回收设施排放的 VOCs 许可排放浓度和处理效率按照《储油库大气污染物排放标准》（GB 20950—2020）确定；其他物料油气回收设施排放的 VOCs 许可排放浓度或处理效率按照《挥发性有机物无组织排放控制标准》（GB 37822—2019）确定。污水处理设施的有机废气收集处理装置排放的 VOCs 许可排放浓度或处理效率按照《挥发性有机物无组织排放控制标准》（GB 37822—2019）确定。汽油油气密闭收集系统任何泄漏点排放的油气体积分数浓度和底部装油结束并断开快接头时的汽油泄漏量按照《储油库大气污染物排放标准》（GB 20950—2020）确定。重点地区的排污单位执行无组织排放特别控制要求，执行的地域范围和时间由国务院生态环境主管部门或省级人民政府规定。企业边界无组织排放的 VOCs 和硫化氢许可排放浓度分别按照《大气污染物综合排放标准》（GB 16297—1996）和《恶臭污染物排放标准》（GB 14554—1993）确定。地方有更严格的排放标准要求的，从其规定。若执行不同许可排放浓度的多台生产设施或排放口采用混合方式排放废气，且选择的监控位置只能监测混合废气中的污染物排放浓度，则应执行各限值要求中最严格的许可排放浓度限值。废气许可排放量测算参照 HJ 1118—2020 中的 4.2.2.2 节。

废水许可排放浓度：储油库排污单位水污染物许可排放浓度按照《污水综合排放标准》（GB 8978—1996）确定，许可排放浓度为日均浓度（pH 为任何一次监测值）。地方有更严格的排放标准要求的，按照地方排放标准从严确定。

4.3.1.4 污染防治可行技术

（1）一般要求

HJ 1118—2020 所列污染防治可行技术及运行管理要求可作为生态环境主管部门判断排污单位是否具备符合规定的污染治理设施或污染物处理能力的参考。排污单位采用 HJ 1118—2020 所列的可行技术，原则上认为其采用的技术具备符合规定的污染治理设施或污染物处理能力。未采用 HJ 1118—2020 所列的可行技术，排污单位应在申请时提供说明材料（如已有污染物排放监测数据；对于国内外首次采用的污染治理技术，还应提供中试数据等），证明可达到与可行技术相当的处理能力。排污单位应加强自行监测和台账记录，评估所采用技术的达标可行性。行业相关污染防治可行技术指南发布后，从其规定。工业固体废物运行管理相关要求待《中华人民共和国固体废物污染环境防治法》规定将工业固体废物纳入排污许可管理后实施。

（2）废气排放控制技术要求填报要求

可行技术：主要废气治理可行技术参照 HJ 1118—2020 附录 C 中的表 C.1。

运行管理要求：有组织排放要求主要针对废气处理系统的安装、运行、维护等过程。废气治理设施应与产生废气的生产工艺设备同步运行。由事故或设备维修等原因造成治理设施停止运行时，应立即报告当地生态环境主管部门。废气收集系统的输送管道应密闭。废气收集系统应在负压下运行，若处于正压状态，则应对输送管道组件的密封点进行泄漏检测，泄漏检测值不应超过 500 μmol/mol。汽油储罐油气回收 VOCs 排放应满足《储油库大气污染物排放标准》（GB 20950—2020）要求。其他物料储罐油气回收 VOCs 排放应满足《挥发性有机物无组织排放控制标准》（GB 37822—2019）要求，行业污染物排放标准发布实施后从其规定。地方污染物排放标准有更严格要求的，从其规定。汽油储罐及装载等无组织排放应满足《储油库大气污染物排放标准》（GB 20950—2020）要求，设备与管线组件、敞开液面等无组织排放应满足《挥发性有机物无组织排放控制标准》（GB 37822—2019）要求。其他物料的储罐、装载、设备与管线组件、敞开液面等无组织排放应满足《挥发性有机物无组织排放控制标准》（GB 37822—2019）要求，行业污染物排放标准发布实施后从其规定。地方污染物排放标准有更严格要求的，从其规定。应加强对储油库发油油气回收系统接口的泄漏检测，减少油气泄漏，确保油品装卸过程中油气回收处理装置正常运行。

（3）废气排放控制技术要求填报要求

可行技术：主要废气治理可行技术参照 HJ 1118—2020 附录 C 中的表 C.2。

运行管理要求：污染治理设施运行应满足设计工况条件，并根据工艺要求，定期对设备、电气、自控仪表及构筑物进行检查维护，确保污染治理设施可靠运行。做好雨污分流，避免受污染雨水和其他废水通过雨水排口排入外环境。

（4）工业固体废物处理处置情况

一般工业固体废物和危险废物在专门区域分隔存放，减少固体废物的转移次数，防止发生撒落和混入的情况。一般工业固体废物贮存间应设置防渗、防风、防晒、防雨措施，设置环境保护图形标志。危险废物贮存间应按照《危险废物贮存污染控制标准》（GB 18597—2001）的相关要求执行，有效防止临时存放过程中被二次污染。

（5）土壤和地下水污染预防

储油库排污单位应采取相应预防措施防止有毒有害物质渗漏、泄漏造成土壤和地下水污染。对有毒有害物质特别是液体或粉状固体物质的储存输送，污水治理、固体废物堆存，采取相应的防渗漏、泄漏措施。辅料储存区、生产装置区、输送管道、污水治理设施、固体废物堆存区的防渗要求，应满足国家和地方标准、防渗技术规范要求。对管道、储罐等配置泄漏、渗漏检测装置，对阴极保护系统等配置防泄漏、渗漏装置并配套相应措施。属于土壤污染重点监管单位的，应当严格控制有毒有害物质排放，并按年度向生态环境主管部门报告排放情况；建立土壤污染隐患排查制度，保证持续有效的防止有毒有害物质渗漏、流失、扬散；制定、实施自行监测方案，并将监测数据报生态环境主管部门。

4.3.1.5　自行监测管理要求

参见本章 4.2 节相关内容。

4.3.1.6　环境管理台账记录要求

（1）一般原则

储油库排污单位在申请排污许可证时，应按 HJ 1118—2020 规定，在全国排污许可证管理信息平台中明确环境管理台账记录要求。有核发权的地方生态环境主管部门可以依据法律法规、标准规范增加和加严记录要求。排污单位也可自行增加和加严记录要求。

排污单位应建立环境管理台账记录制度，落实环境管理台账记录的责任部门和责任人，明确工作职责，并对环境管理台账的真实性、完整性和规范性负责。排污单位环境管理台账应真实记录生产设施运行管理信息、污染治理设施运行管理信息、自行监测记录信息和其他环境管理信息。为便于携带、储存、导出，以及证明排污许可证执行情况，台账应按照电子化储存和纸质储存两种形式同步管理。

（2）记录内容

生产设施运行管理信息的记录内容包括挥发性有机液体储存和挥发性有机液体装载运行参数，可参见 HJ 1118—2020 附录 D 中的表 D.1～表 D.2。污染治理设施运行管理信息应按照设施类别分别记录设施实际运行相关参数和维护记录。

有组织废气治理设施要记录设施运行时间、运行参数等，可参见 HJ 1118—2020 附录 D 中的表 D.3～表 D.5。无组织废气排放控制要记录措施执行情况，包括储罐、动静密封点、装卸的维护、保养、检查等运行管理情况，可参见 HJ 1118—2020 附录 D 中的表 D.6。废水处理设施要记录每日进水水量、出水水量、药剂名称及使用量、投放频次、电耗、污泥产生量等，可参见 HJ 1118—2020 附录 D 中的表 D.7。污染治理设施运维记录包括设施是否正常运行、故障原因、维护过程、检查人、检查日期及班次等。手工监测记录信息包括手工监测日期、采样及测定方法、监测结果等，可参见 HJ 1118—2020 附录 D 中的表 D.8～表 D.10。其他环境管理要求记录可参见 HJ 1118—2020 附录 D 中的表 D.11；如生产设施开停工、检维修时，应记录起止时间、情形描述、应对措施及污染物排放浓度等，可参见 HJ 1118—2020 附录 D 中的表 D.12。

（3）记录频次

挥发性有机液体储罐的运行状态按照排污单位生产班次记录，每班次记录 1 次。收油量按照一个收油周期进行记录，周期小于 1 天的按照 1 天记录。挥发性有机液体装载按照排污单位装载次数记录，每个装载周期记录 1 次。污染治理设施运行信息按照班次记录，每班次记录 1 次。废气无组织排放控制按月记录，每月记录 1 次。药剂添加情况：如采用批次投放的，按照投放批次记录，每投放批次记录 1 次；采用连续加药方式的，每班次记录 1 次，按照 HJ 1118—2020 4.4.3 中所确定的监测频次要求进行记录。其他环境管理信息的记录频次要求按照实际情况或工况期进行记录。特殊时段的环境管理信息记录频次原则上与正常生产记录频次要求一致，涉及特殊时段停产的排污单位或生产工序，该期间原则上仅对起始和结束当天进行 1 次记录，地方管理部门有特殊要求的，从其规定。

4.3.1.7 执行报告编制要求

（1）一般原则

储油库排污单位应按照排污许可证中规定的内容和频次定期提交执行报告，可参照 HJ 1118—2020，根据环境管理台账记录等归纳总结报告期内排污许可证执行情况，按照执行报告提纲编写执行报告，保证执行报告的规范性和真实性，按时提交至有核发权的生态环境主管部门，台账记录留存备查。技术负责人发生变化时，应在年度执行报告中及时报告。

（2）报告分类及周期

报告分类：储油库排污许可证执行报告分为年度执行报告和季度执行报告。储油库排污单位应按照排污许可证规定的时间提交执行报告。实行重点管理的储油库排污单位应提交年度执行报告和季度执行报告，实行简化管理的储油库排污单位应提交年度执行报告。

报告周期：排污单位应每年提交一次排污许可证年度执行报告，于次年 1 月底前提交至有核发权的生态环境主管部门。提交年度执行报告时，可免报当季度执行报告。对于持证时间超过三个月的年度，报告周期为当年全年（自然年）；对于持证时间不足三个月的年度，当年可不提交年度执行报告，排污许可证执行情况纳入下一年度执行报告。排污单位每季度提交一次排污许可证季度执行报告，于下一周期首月 15 日前提交至有核发权的生态环境主管部门。对于持证时间超过一个月的季度，报告周期为当季全季（自然季度）；对于持证时间不足一个月的季度，该报告周期内可不提交季度执行报告，排污许可证执行情况纳入下一季度执行报告。

编制流程：包括资料收集与分析、编制、质量控制、提交 4 个阶段，具体要求按照《排污单位环境管理台账及排污许可证执行报告技术规范 总则（试行）》（HJ 944—2018）执行。

编制内容：排污单位应对提交的排污许可证执行报告中各项内容和数据的真实性、有效性负责；应自觉接受生态环境主管部门监管和社会公众监督，如提交的内容和数据与实际情况不符，应积极配合调查，并依法接受处罚。排污单位应对上述要求作出承诺，并将承诺书纳入执行报告中。执行报告的封面格式和编写提纲参见《排污单位环境管理台账及排污许可证执行报告技术规范 总则（试行）》（HJ 944—2018）。年度执行报告内容应包括排污单位基本信息，污染治理设施运行情况，自行监测情况，环境管理台账情况，实际排放情况及合规判定分析,信息公开情况,排污单位内部环境管理体系建设与运行情况,其他排污许可证规定的内容执行情况,其他需要说明的问题、结论、附件附图要求。具体内容要求参见《排污单位环境管理台账及排污许可证执行报告技术规范 总则(试行)》(HJ 944—2018),表格形式参见 HJ 1118—2020 中的附录 E。季度执行报告内容应包括污染物实际排放浓度和排放量、合规判定分析、超标排放或污染治理设施异常情况说明等。

简化管理要求:实行简化管理的储油库排污单位应提交年度执行报告,其内容应至少包括排污单位基本信息,污染治理设施运行情况,自行监测情况,环境管理台账情况,实际排放情况及合规判定分析、结论等。表格形式参见 HJ 1118—2020 中的附录 E。

4.3.1.8 实际排放量核算方法

参见 HJ 1118—2020 中的 4.6 节。

4.3.1.9 合规判定方法

(1)一般原则

合规是指排污单位的许可事项和环境管理要求符合排污许可证规定。许可事项合规是指排污单位的排污口位置和数量、排放方式、排放去向、排放污染物项目、排放限值符合许可证规定。其中,排放限值合规是指排污单位的污染物实际排放浓度和排放量满足许可排放限值要求;环境管理要求合规是指排污单位按许可证规定落实了自行监测、台账记录、执行报告、信息公开等环境管理要求。排污单位可通过环境管理台账记录、按时上报执行报告和开展自行监测、信息公开,自证其依证排污,满足排污许可证要求。生态环境主管部门可依据排污单位环境管理台账、执行报告、自行监测记录中的内容,判断其污染物排放浓度和排放量是否满足许可排放限值要求,也可通过执法监测判断其污染物排放浓度是否满足许可排放限值要求。

(2)废气排放合规性判定

排放浓度合规判定:排污单位废气排放浓度合规是指各有组织排放口和企业边界无组织污染物排放浓度满足许可排放浓度要求。生态环境主管部门发布了相关合规判定方法的,从其规定。

执法监测:按照监测规范要求获取的执法监测数据不超过许可排放浓度限值的,即视为合规。

排污单位自行监测:按照自行监测方案开展手工监测,监测结果不超过许可排放限值的,即视为合规。若有自动监测,通过对按照监测规范要求获取的自动监测数据(剔除异常值）进行计算得到的有效小时浓度均值不超过许可排放浓度限值的，即视为合规。

排放量合规判定：排污单位有组织排放源主要排放口的大气污染物年实际排放量之和不超过主要排放口污染物年许可排放量之和，即视为合规。挥发性有机液体常压储罐无组织排放的大气污染物年实际排放量不超过其年许可排放量，即视为合规。有特殊时段许可排放量要求的，实际排放量不得超过特殊时段许可排放量。

控制要求合规判定：底部装油结束并断开快接头时的汽油泄漏量为泄漏单元连续三次断开操作的平均值。排污单位排污许可证无组织排放源合规性以现场检查 HJ 1118—2020 中的 4.3 节无组织控制要求落实情况为主，必要时辅以现场监测方式判定排污单位无组织排放合规性。

（3）废水排放合规性判定

排放浓度合规判定：排污单位废水排放口污染物的排放浓度合规是指任一有效日均值（除 pH 外）均满足许可排放浓度要求。国务院生态环境主管部门发布相关合规判定方法的，从其规定。

执法监测：按照《污水监测技术规范》（HJ/T 91.1—2019）监测要求获取的执法监测数据不超过许可排放浓度限值的，即视为合规。

排污单位自行监测：自动监测按照监测规范要求获取的自动监测数据计算得到有效日均浓度值不超过许可排放浓度限值的，即视为合规；手工监测按照《水质 采样技术指导》（HJ 494—2009）、《水质 采样方案设计技术规定》（HJ 495—2009）开展，计算得到的有效日均浓度值不超过许可排放浓度的，即视为合规。

管理要求合规判定：生态环境主管部门依据排污许可证中的管理要求，审核环境管理台账记录和排污许可证执行报告；检查排污单位是否按照自行监测方案开展自行监测；是否按照排污许可证中环境管理台账记录的要求记录相关内容，记录频次、形式等是否满足许可证要求；是否按照排污许可证中执行报告的要求定期上报，上报内容是否符合要求；是否按照排污许可证的要求定期开展信息公开工作；是否满足特殊时段污染防治要求；是否满足运行管理要求。

4.3.2 加油站

（1）基本情况填报要求

一般原则：排污单位应按照 HJ 1118—2020 要求，在全国排污许可证管理信息平台申报系统填报相应信息。填报系统未包括的、地方生态环境主管部门有规定需要填报的或排污单位认为需要填报的，可自行增加内容。设区的市级以上地方生态环境主管部门可根据环境保护地方性法规，增加需要在排污许可证中载明的内容，并填入全国排污许可证管理信息平台申报系统中"有核发权的地方生态环境主管部门增加的管理内容"一栏。

排污单位基本情况：排污单位基本信息包括单位名称、许可证管理类别、邮政编码、行业类别、是否投产及投产日期、生产经营场所经纬度、所在地是否属于环境敏感区（如大气重点控制区、总磷和总氮控制区）、环境影响评价批复文号（备案编号）、地方政府对违规项目的认定或备案文件文号等。在填报选择行业类别时，选择《国民经济行业分类》（GB/T 4754—2017）中的 F 5265 机动车燃油销售。

主要产品与产能填报内容如下：

①主体工程、生产设施及设施参数：加油站排污单位主体工程分为储罐区、加油区，填报数量、公称容积、储存物料、罐型及加油枪数量，具体见表 4-9。

表 4-9　加油站排污单位主体工程、生产设施及设施参数信息

主体工程	生产设施		设施参数	计量单位
储罐区	储罐		数量	个
			公称容积	m³
			储存物料	汽油、乙醇汽油、柴油等
			罐型	单层罐、双层罐或其他
加油区	汽油	加油枪	数量	个
		加油枪	数量	个
	柴油	加油枪	数量	个
		加油枪	数量	个

②生产设施编号：排污单位可填报内部生产设施编号，若排污单位无内部生产设施编号，则根据《排污单位编码规则》（HJ 608—2017）进行编号并填报。

③其他：排污单位如有需要说明的内容，可填报。

（2）产排污节点对应排放口及许可排放限值

一般原则：产污环节、污染物项目、排放形式、污染治理设施、污染治理工艺、是否为可行技术及排放口类型等。

产污环节和排放形式：汽油储罐及加油枪产排污环节、污染物项目及污染治理设施

为必填，其余为选填，具体见表 4-10。污染物项目根据《加油站大气污染物排放标准》（GB 20952—2020）确定，有地方排放标准要求的，按照地方排放标准确定。污染治理设施参数包括参数名称、设计值和计量单位，其中必填参数包括废气排放量、污染物排放浓度、处理效率、运行时间等，需要填报污染治理设施详细参数时，可参照《排污许可证申请与核发技术规范 石化行业》（HJ 853—2017）中的附录 C 选填。污染治理设施、排放口编号，污染治理设施编号可填报排污单位内部编号。若排污单位无内部编号，则根据《排污单位编码规则》（HJ 608—2017）进行编号并填报。排放口编号可填报地方生态环境主管部门现有编号，或者根据《排污单位编码规则》（HJ 608—2017）进行编号并填报；是否为可行技术，按照 HJ 1118—2020 中的 5.3 节填报；排放口类型：废气排放口为一般排放口；排放口设置是否符合规范化要求，根据排污单位执行的排放标准中有关排放口规范化设置的规定及《排污口规范化整治技术要求（试行）》（环监〔1996〕470号）填报。

表 4-10 加油站排污单位废气产排污节点、污染物及污染治理设施

生产设施	产污环节	污染物项目	排放形式	污染治理设施	污染治理工艺	是否为可行技术	排放口类型	执行标准
汽油储罐	储罐挥发	VOCs	有组织	油气处理装置	吸附、膜分离或组合技术	□是 □否 如采用不属于"污染防治可行技术"中的技术，应提供相关证明材料	一般排放口	GB 20952—2020
			无组织	卸油油气回收系统	油气平衡		—	GB 20952—2020
汽油加油枪	加油枪挥发	VOCs	无组织	加油油气回收系统	油气回收		—	GB 20952—2020
企业边界		VOCs	无组织	—	—		—	GB 16297—1996

图件要求：厂区平面布置图中应标明主要生产设施名称、位置、有组织废气排放口位置。

排放口及执行标准：废气排放口应填报排放口地理坐标、排气筒高度、国家或地方污染物排放标准限值及承诺更加严格的排放限值。单独排入城镇污水集中处理设施的生活污水仅说明去向。

许可排放限值：根据国家或地方污染物排放标准确定许可排放浓度。汽油油气处理装

置排放的 VOCs 许可排放浓度按照《加油站大气污染物排放标准》（GB 20952—2020）确定；加油枪气液比，油气回收系统的液阻、密闭性压力限值按照《加油站大气污染物排放标准》（GB 20952—2020）确定；企业边界无组织排放的 VOCs 许可排放浓度按照《大气污染物综合排放标准》（GB 16297—1996）确定。地方污染物排放标准有更严格要求的，从其规定。排污单位承诺执行更加严格的排放浓度应在排污许可证副本中载明。

（3）污染防治可行技术

一般原则：HJ 1118—2020 所列污染防治可行技术及运行管理要求可作为生态环境主管部门判断排污单位是否具备符合规定的污染治理设施或污染物处理能力的参考。排污单位采用 HJ 1118—2020 所列的可行技术，原则上认为其采用的技术具备符合规定的污染治理设施或污染物处理能力。未采用 HJ 1118—2020 所列可行技术的排污单位应在申请时提供说明材料（如已有污染物排放监测数据；对于国内外首次采用的污染治理技术，还应提供中试数据等），证明可达到与可行技术相当的处理能力。排污单位应加强自行监测和台账记录，评估所采用技术的达标可行性。行业相关污染防治可行技术指南发布后，从其规定。

可行技术：主要废气治理可行技术参照 HJ 1118—2020 附录 F 中的表 F.1。

运行管理要求：卸油、储油和加油时排放 VOCs 的加油站排污单位，应采用以密闭收集为基础的 VOCs 回收方法进行控制；汽油加油站卸油、储油、加油过程的油气排放控制应符合《加油站大气污染物排放标准》（GB 20952—2020）要求。地方污染物排放标准有更严格要求的，从其规定；油气回收废气治理设施应与产生废气的生产工艺设备同步运行。由事故或设备维修等原因造成治理设施停止运行的，应立即报告当地生态环境主管部门；应采取相应预防措施防止有毒有害物质渗漏、泄漏，造成土壤和地下水污染。加油站地下水污染防治要求按照环办水体函〔2017〕323 号的要求执行。

（4）自行监测要求

参见本章 4.2 节相关内容。

（5）环境管理台账记录与排污许可证执行报告编制要求

一般原则：加油站排污单位在申请排污许可证时，应按 HJ 1118—2020 规定，在全国排污许可证管理信息平台中明确环境管理台账记录要求。有核发权的地方生态环境主管部门可依据法律法规、标准规范增加和加严记录要求。排污单位也可自行增加和加严记录要求。排污单位应建立环境管理台账记录制度，落实环境管理台账记录的责任部门和责任人，明确工作职责，并对环境管理台账的真实性、完整性和规范性负责。排污单位环境管理台账应真实记录各油品的年销售量、污染治理设施运行管理信息和自行监测记录信息。为便于携带、储存、导出及证明排污许可证执行情况，台账应按照电子化储存和纸质储存两种形式同步管理。

记录内容：生产设施运行管理信息的记录内容包括加油过程中的油品种类和销售量等，以及卸油过程的卸油时间、油品种类、油品来源、卸油方式和卸油量等，可参见 HJ 1118—2020 附录 G 中的表 G.1～表 G.2。污染治理设施运行管理信息应按照设施类别分别记录设施的实际运行相关参数和维护记录，有组织废气治理设施应记录设施运行时间、运行参数等，可参见 HJ 1118—2020 附录 G 中的表 G.3，无组织废气排放控制应记录措施执行情况，包括储罐、加油枪的维护、保养、检查等运行管理情况及放空阀开关情况，可参见 HJ 1118—2020 附录 G 中的表 G.4，污染治理设施运维记录包括设施是否正常运行、故障原因、维护过程、检查人、检查日期及班次等。

监测记录信息：手工监测记录信息包括手工监测日期、采样及测定方法、监测结果等，可参见 HJ 1118—2020 附录 G 中的表 G.5～表 G.6。

记录频次：生产设施运行管理信息至少每季度记录 1 次，污染治理设施运行管理信息至少每季度记录 1 次。若污染治理设施出现异常情况，则按照工况期记录，每工况期记录 1 次。

监测记录信息：按照 HJ 1118—2020 中的 5.4.3 节中所确定的监测频次要求记录。

（6）执行报告编制要求

一般原则：加油站排污单位应按照排污许可证中规定的内容和频次定期提交执行报告，排污单位可参照 HJ 1118—2020，根据环境管理台账记录等归纳总结报告期内排污许可证执行情况，按照执行报告提纲编写执行报告，保证执行报告的规范性和真实性，按时提交至有核发权的生态环境主管部门，台账记录留存备查。当技术负责人发生变化时，应在年度执行报告中及时报告。

报告分类：加油站排污许可证执行报告分为年度执行报告和季度执行报告。加油站排污单位应按照排污许可证规定的时间提交执行报告。实行重点管理的加油站排污单位应提交年度执行报告和季度执行报告，实行简化管理的加油站排污单位应提交年度执行报告。

报告周期：排污单位应每年提交一次排污许可证年度执行报告，于次年 1 月底前提交至有核发权的生态环境主管部门。提交年度执行报告时，可免报当季度执行报告。对于持证时间超过三个月的年度，报告周期为当年全年（自然年）；对于持证时间不足三个月的年度，当年可不提交年度执行报告，排污许可证执行情况纳入下一年度执行报告。排污单位每季度提交一次排污许可证季度执行报告，于下一周期首月 15 日前提交至有核发权的生态环境主管部门。对于持证时间超过一个月的季度，报告周期为当季全季（自然季度）；对于持证时间不足一个月的季度，该报告周期内可不提交季度执行报告，排污许可证执行情况纳入下一季度执行报告。

编制流程：包括资料收集与分析、编制、质量控制、提交 4 个阶段，具体要求按照《排污单位环境管理台账及排污许可证执行报告技术规范　总则（试行）》（HJ 944—2018）执行。

编制内容：排污单位应对提交的排污许可证执行报告中各项内容和数据的真实性、有效性负责；应自觉接受生态环境主管部门监管和社会公众监督，如提交的内容和数据与实际情况不符，应积极配合调查，并依法接受处罚。排污单位应对上述要求作出承诺，并将承诺书纳入执行报告中。执行报告的封面格式和编写提纲参见《排污单位环境管理台账及排污许可证执行报告技术规范　总则（试行）》（HJ 944—2018）。年度执行报告内容应包括排污单位基本信息，污染治理设施运行情况，自行监测情况，环境管理台账情况，实际排放情况及合规判定分析，信息公开情况，排污单位内部环境管理体系建设与运行情况，其他排污许可证规定的内容执行情况，其他需要说明的问题、结论、附件附图要求。具体内容要求参见《排污单位环境管理台账及排污许可证执行报告技术规范　总则（试行）》（HJ 944—2018）。表格形式参见 HJ 1118—2020 中的附录 H。季度执行报告内容应包括污染物实际排放浓度、合规判定分析、超标排放或污染治理设施异常情况说明等。

简化管理要求：实行简化管理的加油站排污单位应提交年度执行报告，其内容应至少包括排污单位基本情况，污染治理设施运行情况，自行监测情况，环境管理台账情况，实际排放情况，以及合规判定分析、结论等。表格形式参见 HJ 1118—2020 中的附录 H。

（7）合规判断方法

一般原则：合规是指排污单位的许可事项和环境管理要求符合排污许可证规定。许可事项合规是指排污单位的排污口位置和数量、排放方式、排放去向、排放污染物项目、排放限值符合许可证规定。其中，排放限值合规是指排污单位的污染物实际排放浓度满足许可排放限值要求；环境管理要求合规是指排污单位按许可证规定落实了自行监测、台账记录、执行报告、信息公开等环境管理要求。排污单位可通过环境管理台账记录、按时上报执行报告、开展自行监测、信息公开,自证其依证排污,满足排污许可证要求。生态环境主管部门可依据排污单位环境管理台账、执行报告、自行监测记录中的内容,判断其污染物排放浓度是否满足许可排放限值要求,也可通过执法监测判断其污染物排放浓度是否满足许可排放限值要求。

废气排放浓度合规判定:排污单位废气排放浓度合规是指各有组织排放口和企业边界无组织污染物排放浓度满足许可排放浓度要求。国务院生态环境主管部门发布了相关合规判定方法的,从其规定。

执法监测:按照监测规范要求获取的执法监测数据不超过许可排放浓度限值的,即视为合规。

排污单位自行监测:按照自行监测方案开展手工监测,监测结果不超过许可排放浓度限值的,即视为合规。若有自动监测,通过对按照监测规范要求获取的自动监测数据(剔除异常值)进行计算得到的结果不超过许可排放浓度限值的,即视为合规。

控制要求合规判定:气液比、液阻、密闭性压力按照《加油站大气污染物排放标准》(GB 20952—2020)要求开展监测获得的限值符合要求的,即视为合规。排污单位排污许可证无组织排放源合规性以现场检查 HJ 1118—2020 中的 5.3 节无组织控制要求落实情况为主,必要时辅以现场监测方式判定排污单位无组织排放合规性。

管理要求合规判定:生态环境主管部门依据排污许可证中的管理要求,审核环境管理台账记录和排污许可证执行报告;检查排污单位是否按照自行监测方案开展自行监测;是否按照排污许可证中环境管理台账记录要求记录相关内容,记录频次、形式等是否满足许可证要求;是否按照排污许可证中执行报告的要求定期上报,上报内容是否符合要求等;是否按照排污许可证要求定期开展信息公开工作;是否满足运行管理要求。

参考文献

[1]   Hicklin W，Farrugia P S，Sinagra E. Investigations of VOCs in and around buildings close to service stations[J]. Atmospheric Environment，2018，172：93-101.

[2]   Li Y S，Liu Y，Hou M，et al. Characteristics and Sources of volatile organic compounds（VOCs） in Xinxiang, China，during the 2021 summer ozone pollution control[J]. Science of the Total Environment，2022，842：156746.

[3]   Man H Y，Liu H，Niu H，et al. VOCs evaporative emissions from vehicles in China：species characteristics of different emission processes[J]. Environmental Science and Ecotechnology，2020（1）：100002.

[4]   Yue T T，Yue X，Chai F H，et al. Characteristics of volatile organic compounds（VOCs） from the evaporative emissions of modern passenger cars[J]. Atmospheric Environment，2017（151）：62-69.

[5]   Huang A Z，Yin S S，Yuan M H，et al. Characteristics，source analysis and chemical reactivity of ambient VOCs in a heavily polluted city of central China[J]. Atmospheric Pollution Research，2022（3）：101390.

[6]   Zhang X F，Yin Y Y，Wen J H，et al. Characteristics，reactivity and source apportionment of ambient volatile organic compounds（VOCs）in a typical tourist city[J].Atmospheric Environment，2019（215）：116898.

[7]   Hui L R，Liu X G，Tan Q W，et al. VOC characteristics，chemical reactivity and sources in urban Wuhan，central China[J]. Atmospheric Environment，2020（224）：117340.

[8]   徐家洛，段炼，朱雨欣，等. 杭州湾北岸上海段石化集中区臭氧重污染过程研究[J]. 环境科学研究，2020，33（10）：2246-2255.

[9]   Lin Y，Wang Y Y，Duan J Y，et al. Long-term aerosol size distributions and the potential role of volatile organic compounds （VOCs） in new particle formation events in Shanghai[J]. Atmospheric

Environment，2019（202）：345-356.

[10] Odabasi M，Ongan O，Cetin E. Quantitative analysis of volatile organic compounds（VOCs） in atmospheric particles[J]. Atmospheric Environment，2005（39）：3763-3770.

[11] Fan Z H，Weschler C J，Han I K，et al. Co-formation of hydroperoxides and ultra-fine particles during the reactions of ozone with a complex VOC mixture under simulated indoor conditions[J]. Atmospheric Environment，2005（39）：5171-5182.

[12] Yang X Y，Yuan B，Peng Z，et al. Inter-comparisons of VOC oxidation mechanisms based on box model：a focus on OH reactivity[J]. Journal of Environmental Sciences，2022（114）：286-296.

[13] Kalbande R，Yadav R，Maji S，et al. Characteristics of VOCs and their contribution to O_3 and SOA formation across seasons over a metropolitan region in India[J]. Atmospheric Pollution Research，2022（13）：101515.

[14] 赵敏，申恒青，陈天舒，等. 黄河三角洲典型城市夏季臭氧污染特征与敏感性分析[J]. 环境科学研究，2022，35（6）：1351-1361.

[15] Liu Y F，Qiu P Q，Li C L，et al. Evolution and variations of atmospheric VOCs and O_3 photochemistry during a summer O_3 event in a county-level city，Southern China[J]. Atmospheric Environment，2022，272：118972.

[16] Wang X D，Yin S S，Zhang R Q，et al. Assessment of summertime O_3 formation and the O_3-NO_x-VOC sensitivity in Zhengzhou，China using an observation-based model[J]. Science of the Total Environment，2022（813）：152449.

[17] MOzaffar A，Zhang Y L，Fan M Y，et al. Characteristics of summertime ambient VOCs and their contributions to O_3 and SOA formation in a suburban area of Nanjing，China[J]. Atmospheric Research，2020（240）：104923.

[18] Liu Y W，Liu S Q，Cheng Z W，et al. Predicting the rate constants of volatile organic compounds（VOCs）with ozone reaction at different temperatures[J]. Environmental Pollution，2021（273）：116502.

[19] Wang Z S，Wang H Y，Zhang L，et al. Characteristics of volatile organic compounds（VOCs） based on multisite observations in Hebei province in the warm season in 2019[J].Atmospheric Environment，2021（256）：118435.

[20] 王笑哲，赵莎，郭灵辉，等. 京津冀及周边地区"2+26"城市臭氧的季节性变化规律[J]. 环境科学研究，2022，35（8）：1786-1797.

[21] 生态环境部. 关于印发《2020 年挥发性有机物治理攻坚方案》的通知[EB/OL]. （2020-06-24）[2022-08-29]. https://www.mee.gov.cn/xxgk2018/xxgk/xxgk03/202006/t20200624_785827. html.

[22] 国家环境保护总局. 加油站大气污染物排放标准：GB 20952—2007[S]. 北京：中国环境科学出版社，2007：8.

[23] 生态环境部. 关于发布《储油库大气污染物排放标准》等四项大气污染物排放标准（含标准修改单）的公告[EB/OL]. （2020-12-29）[2022-08-29]. https://www.mee.gov.cn/xxgk2018/xxgk/xgk01/202012/2020123 _81612.html.

[24] USEPA. Emission factors documentation for AP-42 section 5.2：Transportation and marketing of petroleum liquids[R]. Washington DC，US：USEPA，2016：1-120.

[25] 孙凯，丁洪泽，于乐，等. 常州市 2016 年加油站汽油 VOCs 排放清单[J]. 绿色科技，2019，18：143-145.

[26] 王继钦，陈军辉，韩丽，等. 四川省加油站挥发性有机物排放及控制现状[J]. 环境污染与防治，2020，42（6）：672-677.

[27] 张博研，王占玲，佟玲."长三角"地区加油站油气护手设施运行概述[J]. 油气田环境保护，2017，27（2）：58-59.

[28] 陈鹏，李珊珊，邢敏，等. 加油站 VOCs 污染排放现状及回收控制进展[A]//中国环境科学学会科学技术年会论文集（2019）. 北京：中国环境科学学会会议论文集，2019：3523-3527.

[29] 张华东. 石化企业储罐呼吸损耗计算及比较分析[J]. 中国资源综合利用，2018，36（8）：186-190.

[30] USEPA. Emission factors documentation for AP-42 section 7.1：organic liquid storage tanks（final report）[R]. Washington DC，US：USEPA，2016：30-116.

[31] 中国石油化工总公司.散装液态石油产品损耗：GB 11085—1989[S]. 北京：中国标准出版社，1990：4.

[32] 黄玉虎，常耀卿，任碧琪，等. 北京市 1990—2030 年加油站汽油 VOCs 排放清单[J]. 环境科学研究，2016，29（7）：945-951.

[33] 环境保护部. 关于发布《大气细颗粒物一次源排放清单编制技术指南（试行）》等 4 项技术指南的公告[EB/OL]. （2014-08-20）[2022-08-29]. http://www.mee.gov.cn/gkml/hbb/bgg/201408/ t20140828_288364.htm.

[34] USEPA. User's guide to TANKS[EB/OL]. （2006-10-05）[2022-08-29]. https://www.epa.gov/sites/default /files /2020-11/documents/tank4 man.pdf.

[35] 沈旻嘉，郝吉明，王丽涛.中国加油站 VOC 排放污染现状及控制[J]. 环境科学，2006，27（8）：1473-1478.

[36] USEPA. Refueling Emissions from uncontrolled vehicles[R]. Washington DC，US：USEPA，1985：48-49.

[37] 国家气象科学数据中心. 中国地面气象站逐小时观测资料[EB/OL].（2022-01-05）[2023-03-07]. http://data.cma.cn/data/cdcdetail/dataCode/A.0012.0001.html.

[38] 生态环境部. 石化行业 VOCs 污染源排查工作指南[EB/OL].（2015-11-18）[2022-08-29]. https://www.mee.gov.cn/gkml/hbb/bgt/201511/t20151124_317577.htm.

[39] 贺克斌. 城市大气污染源排放清单编制技术手册[D]. 北京：清华大学，2018：157.

[40] California Air Resources Board（CARB）. Revised emission factors for gasoline marketing operations at California gasoline dispensing facilities[R]. Sacramento，CA，US：CARB，2013：30-140.

[41] European Environmental Agency. EMEP/EEA emission inventory guidebook，1.B.2.a.v distribution of oil products[R].Copenhagen，Denmark：European Environmental Agency，2013：3-23.

[42] 国家质量监督检验检疫总局. 车用汽油：GB 17930—2016[S]. 北京：中国标准出版社，2016：2.

[43] 国家统计局. 中国能源统计年鉴（2020）[R]. 北京：中国统计出版社，2020.

[44] 西藏自治区商务厅. 2019 年 11 月成品油（液化气）市场运行情况[EB/OL].（2019-12-20）[2022-08-30]. http://swt.xizang.gov.cn/xxgk/tjxx/tjsj/201912/t20191220_126773.html.

[45] 商务部. 国内石油流通行业发展报告（2020—2021）[EB/OL].（2021-05-21）[2023-04-30]. http://www.mofcom.gov.cn/article/tongjiziliao/sjtj/jsc/202105/20210503063494.shtml.